新生物学丛书

# 生物工业化路线图：加速化学品的先进制造

# Industrialization of Biology: A Roadmap to Accelerate the Advanced Manufacturing of Chemicals

"生物工业化路线图：加速化学品的先进制造"委员会
化学科学与技术分部
生命科学分部
地球与生命研究部
美国国家科学院研究理事会 编
陈 方 丁陈君 刘 斌 译

科 学 出 版 社

北 京

图字：01-2013-0161 号

## 内 容 简 介

生物工业以系统生物学、合成生物学、生物工程等核心技术交叉融合其他学科，具有原料可再生、人工设计、过程清洁等可持续发展的典型特征。作为生物工业化的重要应用领域之一，化学品的生物制造在近年表现出广阔的发展前景，已成为当前化工产业发展的重要战略选择。2014 年，美国能源部和美国国家科学基金会联合成立专家委员会，完成并出版《生物工业化路线图：加速化学品的先进制造》报告，展望了化学品生物制造的未来发展愿景，围绕原料利用到使能转化，以及生物体研究等方面展开论述，得出了一系列技术结论与建议，提出了生物工业化未来 10 年发展的路线图目标。

本书的主要读者对象为生物资源、生物技术与生物产业相关领域的决策管理人员、研究与技术人员、行业与企业参与者，也可供大专院校相关专业的师生参考使用。

**图书在版编目（CIP）数据**

生物工业化路线图：加速化学品的先进制造/美国国家科学院研究理事会编；陈方，丁陈君，刘斌译. —北京：科学出版社，2017.6
（新生物学丛书）

书名原文：Industrialization of Biology: A Roadmap to Accelerate the Advanced Manufacturing of Chemicals

ISBN 978-7-03-053138-4

Ⅰ. ①生… Ⅱ. ①美… ②陈… ③丁… ④刘… Ⅲ. ①生物工程Ⅳ. ①Q81

中国版本图书馆CIP数据核字（2017）第128118号

责任编辑：岳漫宇 / 责任校对：郑金红
责任印制：赵 博 / 封面设计：刘新新

**斜 学 出 版 社** 出版

北京东黄城根北街 16 号
邮政编码：100717
http://www.sciencep.com

北京凌奇印刷有限责任公司印刷
科学出版社发行 各地新华书店经销

\*

2017 年 6 月第 一 版 开本：720×1000 1/16
2024 年 5 月第四次印刷 印张：8 1/4
字数：166 000

定价：75.00 元
（如有印装质量问题，我社负责调换）

# "新生物学丛书" 专家委员会

主　任：蒲慕明

副主任：吴家睿

**专家委员会成员**(按姓氏拼音排序)：

| | | | | |
|---|---|---|---|---|
| 昌增益 | 陈洛南 | 陈晔光 | 邓兴旺 | 高　福 |
| 韩忠朝 | 贺福初 | 黄大昉 | 蒋华良 | 金　力 |
| 康　乐 | 李家洋 | 林其谁 | 马克平 | 孟安明 |
| 裴　钢 | 饶　毅 | 饶子和 | 施一公 | 舒红兵 |
| 王　琛 | 王梅祥 | 王小宁 | 吴仲义 | 徐安龙 |
| 许智宏 | 薛红卫 | 詹启敏 | 张先恩 | 赵国屏 |
| 赵立平 | 钟　扬 | 周　琪 | 周忠和 | 朱　祯 |

# "生物工业化路线图：加速化学品的先进制造"委员会

## 成员

**Thomas M. Connelly，Jr.**（委员会主席），杜邦公司
**Michelle C. Chang**，加利福尼亚大学伯克利分校
**Lionel Clarke**，英国合成生物学领导委员会
**Andrew D. Ellington**，得克萨斯大学奥斯汀分校
**Nathan J. Hillson**，劳伦斯-伯克利国家实验室
**Richard A. Johnson**，Global Helix有限责任公司
**Jay D. Keasling**，加利福尼亚大学伯克利分校
**Stephen S. Laderman**，安捷伦科技有限公司
**Pilar Ossorio**，威斯康星大学法学院
**Kristala L. J. Prather**，麻省理工学院
**Reshma P. Shetty**，Ginkgo Bioworks有限公司
**Christopher A. Voigt**，麻省理工学院
**Huimin Zhao**，伊利诺伊大学香槟分校

## 国家研究理事会职员

**Douglas Friedman**，专题负责人，化学科学与技术分部
**India Hook-Barnard**，高级项目官员，生命科学分部
**Carl-Gustav Anderson**，研究助理
**Elizabeth Finkelman**，项目协调人
**Nawina Matshona**，高级项目助理
**John Sadowski**，Christine Mirzayan科技政策研究学者（2014年冬）

# 化学科学与技术分部

## 成员

Timothy Swager，（联合主席），麻省理工学院

David Walt，（联合主席），塔夫斯大学

HÉCtor D. Abruña，康奈尔大学

Joel C. Barrish，百时美施贵宝公司

Mark A. Barteau，密歇根大学

David Bem，陶氏化学公司

Robert G. Bergman，加利福尼亚大学伯克利分校

Joan Brennecke，圣母大学

Henry E. Bryndza，杜邦公司

Michelle V. Buchanan，橡树岭国家实验室

David W. Christianson，宾夕法尼亚大学

Richard Eisenberg，罗切斯特大学

Jill Hruby，桑迪亚国家实验室

Frances S. Ligler，北卡罗来纳大学教堂山分校，北卡罗来纳州立大学

Sander G. Mills，默克研究实验室

Joseph B. Powell，壳牌公司

Robert E. Roberts，美国国防分析研究所

Peter J. Rossky，莱斯大学

## 国家研究理事会职员

Teresa Fryberger，主任

Douglas Friedman，高级项目官员

Kathryn Hughes，高级项目官员

**Camly Tran**，博士后研究员
**Carl-Gustav Anderson**，研究助理
**Elizabeth Finkelman**，项目协调人
**Nawina Matshona**，高级项目助理
**Cotilya Brown**，高级项目助理

# 生命科学分部

## 成员

James P. Collins，（主席），亚利桑那州立大学

Enriqueta C. Bond，宝来惠康基金会

Roger D. Cone，范德比尔特大学医学中心

Joseph R. Ecker，索尔克生物学研究所

Sean Eddy，霍华德·休斯医学研究所珍利亚农场研究园区

Sarah C. R. Elgin，华盛顿大学圣路易斯分校

David R. Franz，美国陆军传染病医学研究所前指挥官，顾问

Stephen Friend，Sage Bionetworks平台

Elizabeth Heitman，范德比尔特大学医学中心

John G. Hildebrand，亚利桑那大学

Richard A. Johnson，Global Helix有限责任公司

Judith Kimble，威斯康星大学麦迪逊分校

Mary E. Maxon，科学慈善联盟

Karen E. Nelson，克雷格·文特尔研究所

Robert M. Nerem，佐治亚理工学院

Mary E. Power，加利福尼亚大学伯克利分校

Margaret Riley，马萨诸塞大学阿默斯特分校

Lana Skirboll，赛诺菲集团

Janis C. Weeks，俄勒冈大学

Mary Woolley，Research! America 联盟

# 职员

**Frances E. Sharples**，主任

**Jo L. Husbands**，学者/高级项目主任

**Jay B. Labov**，高级科学家/生物学教育项目主任

**Katherine W. Bowman**，高级项目官员

**Marilee K. Shelton-Davenport**，高级项目官员

**Keegan Sawyer**，项目官员

**Audrey Thevenon**，助理项目官员

**Bethelhem Mekasha**，财务助理

**Angela Kolesnikova**，行政助理

**P. Kanoko Maeda**，高级项目助理

**Jenna Ogilvie**，高级项目助理

# "新生物学丛书"丛书序

当前，一场新的生物学革命正在展开。为此，美国国家科学院研究理事会于 2009 年发布了一份战略研究报告，提出一个"新生物学"（new biology）时代。这个"新生物学"，一方面是生物学内部各种分支学科的重组与融合；另一方面是化学、物理、信息科学、材料科学等众多非生命学科与生物学的紧密交叉及整合。

在这样一个全球生命科学发展变革的时代，我国的生命科学研究也正在高速发展，并进入了一个充满机遇和挑战的黄金期。在这个时期，将会产生许多具有影响力、推动力的科研成果。因此，有必要通过系统性集成和出版相关主题的国内外优秀图书，为后人留下一笔宝贵的"新生物学"时代精神财富。

科学出版社联合国内一批有志于推进生命科学发展的专家与学者，共同打造了一个 21 世纪中国生命科学的传播平台——"新生物学丛书"。希望通过这套丛书的出版，记录生命科学的进步，传递生物技术发展的梦想。

"新生物学丛书"下设三个子系列：科学风向标，着重收集科学发展战略和态势分析报告，为科学管理者和科研人员展示科学的最新动向；科学百家园，重点收录国内外专家与学者的科研专著，为专业工作者提供新思想和新方法；科学新视窗，主要发表高级科普著作，为不同领域的研究人员和科学爱好者普及生命科学的前沿知识。

如果说科学出版社是一个"支点"，这套丛书就像一根"杠杆"，那么读者就能够借助这根"杠杆"成为撬动"地球"的人。编委会相信，不同类型的读者都能够从这套丛书中得到新的知识信息，获得思考与启迪。

"新生物学丛书"专家委员会

主　任：蒲慕明

副主任：吴家睿

2012 年 3 月

# 译 者 序

近年来，世界主要发达国家与地区纷纷提出重振本国制造业、加快实施"再工业化"战略，强调运用新的信息技术、互联网优势整合传统劳动密集型制造业，大力发展生物工程、节能环保、新能源、新材料等战略性新兴产业；同时，为应对人类当前在食品、能源和环境方面的挑战，世界主要国家与地区积极部署生物工业化进程并采取措施。生物工业以系统生物学、合成生物学、生物工程等核心技术交叉融合其他学科，具有原料可再生、人工设计、过程清洁等可持续发展的典型特征。生物工业化的发展为人类提供生产所需的化学品、医药产品、能源和材料等，是解决人类目前面临的资源、能源及环境危机的有效手段，是现代社会由化石经济向生物经济过渡的必要手段。

当前，随着人们在生物技术领域前沿研究探索、工具平台研发、产品服务拓展方面不断取得进步，生物工业化发展的脚步逐渐加快，为全球经济社会可持续发展注入了新的活力。美国农业部(USDA)于2016年10月发布的报告指出，2014年，生物基产业为美国创造了422万个就业机会和3930亿美元的经济价值。英国生物科学与生物技术研究理事会(BBSRC)于2016年7月发布的报告指出，2014年，英国的生物经济总附加值(GVA)约为2200亿英镑，占英国GVA总量的13.6%，共提供了520万个就业机会。欧洲生物产业协会于2016年9月发布研究报告指出，2013年，工业生物技术为欧盟创造了316亿欧元的产值，预计到2030年将创造1000亿欧元的产值。中国也已将生物产业确立为我国七大战略新兴产业之一，在2016年11月发布的《"十三五"国家战略性新兴产业发展规划》中提出加快生物产业创新发展步伐、培育生物经济新动力的要求，并在其后发布的《"十三五"生物产业发展规划》中提出，到2020年，生物产业规模达到8万亿～10万亿元，生物产业增加值占GDP的比例超过4%，成为国民经济的主导产业，实现就业机会大幅增加的发展目标。

生物工业化的重要应用领域之一是化学品的先进制造，经过近年的发展，已经表现出广阔的前景。发展化学品的先进生物制造，有助于降低对不可再生化石能源的依赖，变革污染低效的传统物资加工方式，促进绿色安全的新经济形态的形成，已成为当前化工产业发展的重要战略选择。

2014年，美国能源部(DOE)和美国国家科学基金会(NSF)联合成立了"生物工业化路线图：加速化学品的先进制造"委员会，专门围绕如何加速化学品的生物制造开展了讨论和研究，形成了《生物工业化路线图：加速化学品的先进制造》

报告，由美国国家科学出版社出版。本书对该报告原文进行了编译。

感谢美国国家科学院授权翻译出版此书。本书不仅仅在科技角度提出了本领域未来发展方向与路线图目标，还在科技战略规划和路线图方法论的角度给予了建议和启示，因此，在中国科学院科技促进发展局生物技术处的指导策划下，中国科学院成都文献情报中心组织了本书的编译工作。中国科学院成都文献情报中心陈方、丁陈君、陈云伟、郑颖、邓勇、中国科学院科技促进发展局刘斌等参与了编译，中国科学院微生物研究所青年研究员于波、中国科学院成都生物研究所青年研究员谭周亮进行了审校，在此一并感谢。对于因译者能力水平有限可能引起的内容翻译不当或表达不畅之处，恳请读者见谅并给予指正。

译　者

2016 年 12 月

# 原 书 序

　　高效生产有用且有益的商品并提供服务，已经成为过去两个多世纪以来促进产业发展和推动经济增长的基石。在此期间，推动产业化发展的基础技术随着科学新认识、技术新能力和市场新需求的变化而不断演化。在19世纪，深入理解物质的化学性质、反应机制及物理和催化过程的科学研究改变了产业图景。而到了20世纪初，将原油转化为广泛化学品（从塑料、油漆、洗涤剂到纺织品等）的新发现几乎改变了人们生活的方方面面。

　　当前，我们正处于一个新的转折点。在过去半个世纪的时间里，生物学取得的巨大进步——从Watson和Crick阐明DNA的结构，到今天合成生物学惊人而迅速的进展——已将我们带入了新一轮的化工生产创新期。以此为背景，在美国能源部和美国国家科学基金会的委托下，"生物工业化路线图：加速化学品的先进制造"委员会开展了此项研究。委员会的重任在于探讨如何加速化学品的生物制造，并创建一个面向未来的路线图。

　　委员会的13位成员（附录C）在2014年2~12月完成召集，并进行了四次会面。成员的专业知识背景涉及合成生物学、代谢工程、分子生物学、微生物学、系统生物学、合成化学、化学工程、生物信息学、系统集成、计量学、化工制造、法律和生物伦理学等。委员会听取了微生物技术研究前沿的研究人员和行业领导者的意见，包括来自大型化工企业和一些高技术始创企业的人员。此外，我们还与美国政府机构和非政府组织的代表进行了对话。在2014年5月，委员会举行了一次为期两天的研讨会（附录D），为本报告的结论、建议和路线图的提出奠定了基础。

　　任何路线图都只能提供暂时性的指导意见，在时间尺度上类似于快照。委员会致力于制订雄心勃勃的目标，所强调的成果不仅仅限于单独的技术层面。同时，随着科技的进步和经济环境的变化，往往是路线图的制订过程更能发挥持久的价值。因此，委员会将把路线图的制订过程作为一项持续的活动，资助机构也希望建立常态化的机制，以确保加速相关领域的发展并保持路线图的生命力。

根据 2012 年发布的美国《国家生物经济蓝图》中所指出的"生物经济作为由生物科学领域的研究与创新激发的经济活动，已成为世界经济格局中体量庞大且增长快速的部分，同时产生重要的公众利益"。我们研究发现，唯有加速生物经济走向成熟，才能发挥其在促进科技创新、催生经济增长和培育重大发现方面的巨大潜力。

Thomas M. Connelly, Jr.

"生物工业化路线图：加速化学品的先进制造"委员会 主席

# 致　谢

根据美国国家研究理事会(NRC)下属报告审查委员会批准的程序，本报告草案经拥有多视角和技术专长的专家进行评审。这个独立审查程序的目的是对报告提供坦诚的、批评性的评论，以确保该报告内容合理，并在客观性、证据充分性和应答性方面符合机构的标准。为确保评审过程的公正性，所有评审意见和草案手稿保密。

我们对以下评审专家表示感谢：

**Scott Baker**，西北太平洋国家实验室

**Sean Eddy**，霍华德·休斯医学研究所珍利亚农场研究园区

**Jennifer Holmgren**，LanzaTech 公司

**Sang Yup Lee**，韩国科学技术院

**James Liao**，加利福尼亚大学洛杉矶分校

**Richard Murray**，加利福尼亚理工学院

**Kathie Olsen**，ScienceWorks 有限责任公司

**Markus Pompejus**，巴斯夫集团

尽管上述列出的评审专家提出了许多建设性的意见和建议，但他们并未被要求认可或支持报告的结论或建议，他们也没有看到报告公布之前的最终草案。报告的终审是由麻省理工学院的 **Klavs Jensen** 和普渡大学的 **Michael Ladisch** 完成的，他们由美国国家研究理事会任命，依照制度程序负责对报告进行独立审查，并认真考虑所有评审专家的意见和建议。委员会和国家研究理事会对报告的最终内容承担全部责任。

# 目　　录

# 摘　要

"生物工业化路线图：加速化学品的先进制造"委员会（以下简称生物工业化路线图委员会）是美国国家研究理事会（NRC）应美国能源部（DOE）和国家科学基金会（NSF）的要求召集的，专门针对利用生物系统加速化学品先进制造这一主题，致力于"发展一个路线图，在基础科学与工程能力上，包括知识、工具和技巧方面体现必要的先进性"，"技术涵盖合成化学、代谢工程、分子生物学和合成生物学"，同时，"考虑何时及如何将非技术观点与社会关注整合入技术挑战解决方案中"（完整的任务描述见框1-1）。需要指出的是，该路线图报告聚焦工业生物技术，但其中的目标、结论及建议同样有益于其他领域的发展，如健康、能源和农业等。

## 工业生物技术的潜力

奥巴马政府在2012年《国家生物经济蓝图》中，将生物经济简要定义为"基于生物科学研究与创新、创造经济效益和公众利益的经济模式"，并进一步谈到"美国的生物经济已无处不在"，包括新型生物基化学品、提升公众健康的药物与诊断技术改进，以及减少原油依赖的生物能源等[1]。

美国的生物基产品市场已经十分繁荣，生物基产品在国内产品总量中占比在2012年就已达到2.2%，当年创造了超过3530亿美元的经济效益[2a]。生物技术在人口健康和农业领域已经产生了巨大的经济影响，而工业领域中的生物基化学品并非是近年才兴起的新生事物。当前，全球生物基化学品与聚合物的产量估值已经达到5000万t/年，生物过程工艺（如发酵、烘焙和印染）伴随着人类工业文明史的大部分进程。

安捷伦科技有限公司估计美国工业生物技术行业企业之间的营业收入在2012年至少达到1250亿美元[2b]。其中生物基化学品占660亿美元，生物能源占300亿美元。力士研究公司估计利用合成生物学制成的工业化学品市场当前约为15亿美元，并在可预期的将来保持15%~25%的年均增长率[3]。美国农业部根据经济合作与发展组织（OECD）2009年的报告分析指出，生物基化学品在整个化学品市场的比重在2014年超过10%[4]。

尽管当前预期增长势头良好，但实际上，利用生物合成和生物工程制造的化学品发展还可以更快。当前，由于很多化学品的化学合成路线早已成熟，有些甚至并未考虑过生物基路线的替代。然而，生物基化学品合成路线的增加将为一些新型化学品的制造与市场推广打开大门，扩大那些此前无法规模化生产的化学品的量产，或者实现新型原料的利用。报告研究了限制当前化学工业中生物制造替代发展的技术、经济和社会因素，如果得以克服，将会极大地加速利用工业生物技术的化学品先进生物制造，并将带来显著的效益。

生物技术用于化学品的先进制造可以帮助解决当前在能源、气候变化、可持续与更高产方面的农业，以及环境可持续发展方面的全球挑战。例如，生物工艺可以帮助减少化学品生产过程中的有毒副产物，降低温室气体排放和化石燃料消耗。促进生物工业化发展，还可以使一些化学品克服此前在规模化生产方面的障碍，带来降低成本、提高生产设施的产量、速率和灵活性等一系列优势。

# 当前发展形势

## 科学不断发展

DNA 测序技术成本的急剧下降有力地推进了遗传学的发展[5]，2001 年人类首个基因组测序［32 亿碱基对(bp)］耗费了 27 亿美元，9 年后，1000 个人全基因组测序(3.2 万亿 bp)完成[6]。而到 2014 年，Illumina 公司开发的 HiSeq X 高通量全基因组测序仪已将个人全基因组测序成本降低到 1000 美元[7]。同时，序列数据库资源也快速增长，截至 2013 年，全球已完成了来自 30 万个有机体的 1.6 亿个全基因组序列的测序[8]。这些大量的数据信息蕴含了大量的潜在的 DNA 功能单元，为发现或创建高价值化学品的合成路径提供了契机。

过去 10 年间，DNA 合成、读、写和纠错技术呈现爆炸式增长的态势，快速拓展了遗传工程项目的规模和先进性，为生产结构更加复杂的化学品和纳米复合材料提供了更多的选择。典型的应用包括从人类微生物群落挖掘药物候选分子，从环境样品发现杀虫剂，以及为电子和医疗装置生产金属纳米粒子。可以预见，在不久的将来，人们将可以设计自动化整合的生物过程用于生产工业化学品。

当前 DNA 合成和测序的技术尚滞后于 DNA 读写技术，最有价值的功能需要许多基因的参与，并需要通过复杂的调控来控制如何、何时及何处来启动基因表达。合成生物学家正努力研究相应解决方案，包括遗传回路、精准基因调控元件及计算机辅助设计系统编码的多基因系统。尽管目前可以实现整个基因组的合成，但还无法实现自下而上从零开始"写"出 DNA，当前最先进的技术是利用诸如 MAGE[9] 和 CRISPR/Cas9[10] 等工具对现有基因组实行自上而下的编辑。同样，最近也出现了一些控制代谢网络流的基因组层面的设计工具。

## 产业已经就绪

合成生物学在人类健康和农业领域的应用发展要远快于其在化学品制造领域的应用，因此，人们提出了通过基因工程和蛋白质工程规模化生产目标产品的基本原则。就人类健康领域的应用而言，治疗性蛋白分子的结构比用于合成重要工业化学品的小分子结构复杂得多，然而，它们的合成与所选 DNA 的表达直接相关，可利用在合适宿主中的单基因的简单过表达产生目标产物。

生物技术在农业领域的应用主要包括少量基因的使用和调控，典型的应用是引入 1～2 个基因以发挥其各自特性，如除草剂抗性、昆虫抗性和疾病抗性。生物技术在农业领域应用的难点在于确保在植物组织中表达引入基因的同时不对生长速度和产量等性状带来负面影响。转基因植物的种植业也对调控范围提出了更高的要求。

与健康和农业应用相比，工业化学品的合成需要许多基因的协同参与。生物化学品是一系列酶催化反应的产物，每个酶由至少一个基因编码，总共需要数十个基因的表达调控才足以影响一个化学品的合成。众多酶编码基因的表达必须得以精确控制，以服务于目标化学品的合成，这一复杂的过程需要系统的解决方案。生物工程方法利用 DNA 重组技术及系统和网络分析来对宿主微生物进行工程化改良、提高生产效率，这些原则早已成功应用于一些产品的高效发酵生产过程，早期成功的案例包括工业酶、青蒿素、乳酸、1,3-丙二醇、异戊二烯类化学品和醇基生物燃料。

基于上述早期的成功经验，得益于科技的快速发展，利用工业生物技术生产更多的化学品的进程将持续加速，使得以传统化学合成方法无法实现的高产率、高纯度的高值化学品合成成为可能。未来，大量大宗化学品的生产过程也或将被成本更低、过程更环保的生物技术过程所替代。

未来，化学品和工业化学品的合成将更加频繁地整合生物合成和传统化学合成的步骤，实现整个合成过程的最优组合。

## 科学到产业显现鸿沟

要想实现生物合成与传统化学合成的完美整合还需解决科学、技术和社会层面的分歧，原料设计与利用、发酵与过程、促进化学品转化、管理和社会因素是本路线图和建议针对的关键领域。科学和工程的主要挑战则来自原料、转化及开发整合的设计工具链等领域。

目前，生物制造化学品的原料来自于淀粉的发酵糖，而淀粉又来自玉米等谷物。生物制造化学品的持续扩张将需要源自非谷物资源的原料，其中纤维素生物质最具潜力，但在工业生物技术领域对纤维素生物质的利用仍面临许多挑战。当前关注的重点在于不同形式的生物质，也有许多利用合成气、甲烷和二氧化碳作为生物合成原料的研究工作。

在工程方面，与发酵和过程相关的首要考虑是构建生物系统，发酵可以通过多种方式进行优化，但构建发酵系统这一首要生产前提是极其耗资的环节，为了减轻资金压力，发酵过程的规模放大成为关键步骤。而发酵过程本身又是分批完成的，这意味着连续发酵、连续产物移除及无细胞发酵技术亟需快速改进。

进一步的研发工作是必需的，以促进化学品转化，合成生物学的急剧发展使其处于化学制造和生物合成与工程相竞争的核心位置，需持续推进用于化学品生产的"底盘"微生物及其代谢途径的研究，并驯化更多样、更广泛的工业微生物。

一些管理和社会因素也会影响生物技术的工业化应用进程，监管部门应为工业生物技术价值链的构建制定相应的工业规范和标准，以适用于以下几个方面：①准确"读写"DNA；②DNA元件功能参数说明；③组学技术的数据和仪器标准；④微生物的生产强度、生产水平和产率等性能。

除标准外，还需升级监管制度，以加速新宿主微生物、新陈代谢途径和新化学品的安全商业化，这种监管制度应该是跨国适用的，以保证对新技术、新产品的快速、安全和全球获取。必须要认识到，最终要由社会来赋予操作新技术的权利，因此有必要致力于向公众告知工业生物技术的性质及其社会效益，并确保针对公众的关注点开展有效的沟通。

最后，路线图文件应该保持与时俱进。因此，需要一种机制来维持这一路线图，以保持其发展势头，并确保复杂的技术、经济和社会因素网络在建设工业生物生态系统时协调一致。

# 未 来 愿 景

这里展望的未来愿景，是指利用生物合成和生物工程开展化学品制造的水平与利用化学合成及化学工程的生产水平相当。当前传统化学品制造的生产能力十分强大，但能够规模化生产的化学品类型仍然有限（见第3章）。同时，核心石油基原料来源有限，而多样化的原料可以为化学品制造工业提供更多的机会。

本报告中提出的路线图目标与建议均建立在上述愿景的基础上。同时，报告在设计路线图目标与建议时基于以下理解：在考虑完全实现生物工业化这一目的时，生物和化学路线的使用必须视作等同。这并不是说这两条路线可以互换使用，而是说在考虑合成路线时，每一步所涉及的生物路线过程都应像一个独立的化学反应那样去看待。**表 S-1** 和**表 S-2** 中提到的结论、建议，以及路线图目标是一致用于帮助实现上述目标的。

## 表 S-1　技术结论

| 类别 | 结论 |
| --- | --- |
| 原料与预处理 | • 有效提升原料的经济可行性与环境可持续性，对加速发展燃料和大宗化学品的生物制造非常关键。<br>• 提升生物原料的可用性、可靠性和可持续性将扩大经济可行的生物基产品的范围，提供更为可预期的原料水平与质量，克服化学品生物制造的障碍。这些生物原料包括：<br>　○ 植物纤维素原料，包括为实现低成本糖化过程而专门用于生物制造的工程植物；<br>　○ 原料的木质素副产品的全利用；<br>　○ 低浓度糖液的利用；<br>　○ 通过生物学途径将复杂原料转化为清洁、可替代、可用的中间体；<br>　○ 显著降低环境影响；<br>　○ 利用甲烷及其衍生物、二氧化碳、甲酸盐作为原料；<br>　○ 非碳原料(如金属、硅等)的利用。<br>将会增加经济可行性产品的范围，提供更好的可预测性能和原料品质，降低生物化学品合成的门槛。<br>• 提升对单碳发酵的理解，包括宿主微生物与发酵过程等；由于美国天然气的可用性日益增加，这将进一步扩大原料的多样性。 |
| 发酵与过程 | • 厌氧、流加培养、单一培养为主导的化学品生物制造过程已经持续了几十年。针对生产力更高的宿主微生物的研究已经取得了很大进步。在通过改进质量和热传递、连续产物回收或更广泛地利用共培养、共底物、多产物联产等方式提高发酵过程的生产率方面所做的研究较少。<br>• 基于小规模实验模型，开发能在一定规模上有实际预测性的计算工具，能够加速化学品生物制造的新产品与过程的发展。<br>• 不同于许多传统的化学过程，工业生物技术会产生大量的水相反应物料，因此需要有效的产品分离和水循环利用机制。 |
| 设计工具链 | • 开发和利用强健的整合设计工具链，覆盖制造过程的所有环节，包括单个细胞、细胞内反应器，以及发酵反应器等，是促使生物制造达到与传统化学制造同等水平的关键一步。<br>• 开发内部的，以及涉及制造过程中所有环节(包括单个细胞、胞内反应器和发酵反应器本身)的整合性预测建模工具，将加速化学品生物制造的新产品与过程的发展。 |
| 生物体：途径 | • 在快速设计具有催化活性和特殊活性的酶，改造其生物物理与催化性能方面的进步将显著降低生物制造及生产规模放大方面的成本。 |
| 生物体：底盘 | • 生物底盘和代谢途径的快速有效发展依赖于基础科学和使能技术的不断进步。<br>• 扩展用于生物制造的工程微生物及无细胞平台的种类对于扩展生物基原料和化学品的种类而言非常关键。<br>• 设计、创造和培养工业适应性强的菌株，使其用于多种原料与产品，并保持遗传稳定性和催化时间稳定性，将会降低生物制造的利用和放大过程中的成本。 |
| 试验与测量 | • 快速、常规化、可再生地测量代谢途径功能和细胞生理学特性，将会推动发展全新的酶与代谢途径，从而增加高效率低成本的生物基化学品转化路径。<br>• 测量技术成本的降低和通量的增加应当伴随菌种基因工程技术的发展，反之亦然。 |

表 S-2　非技术观点与社会关注点

| 类别 | 建议 |
|------|------|
| 经济 | • 美国政府应当定期定量测度生物基产品的制造对美国经济的贡献，并建立对这种经济影响进行预测和评估的方法。 |
| 教育与人力 | • 工业生物技术企业应当主动或通过产业组织加强与各级学术界的伙伴关系，包括社区学院、大学和研究生院等，以沟通技术革新需求与实践办法，作为学术指导。<br>• 政府机构、学术界和企业界应当设计和支持原创行动，以扩大学生参与高通量模式和产业规模下"设计-构建-测试-总结"范式的实习机会。 |
| 监管 | • 行政监管应当确保美国环境保护署(EPA)、美国商务部(DOC)、美国食品药品管理局(FDA)、美国国家标准与技术研究所(NIST)及其他相关机构合作开展广泛评估和定期评价，同时确保监管手段的充分性，不仅限于现有法规，还应指出产业界、学术界和公众能够致力于或参与监管的地方。<br>• 科研资助机构和科学政策官员应当扩展现有的相关监管办法，加强国家间的协调合作和公众参与，以确保为负责任的创新活动提供更多支持。<br>• EPA、美国农业部(USDA)、FDA 和 NIST 等政府机构应建立有关项目，研究工业生物技术方面的事实标准和风险评估办法，将这些标准和评估方法用于政府监管制度的评价和更新。 |

# 技术结论、建议与路线图目标

为了加速生物工业化，需要发展多个领域的科学与工程。本报告中提到各项条目内容均是基于以下核心结论：**化学品的生物制造已成为国家经济的重要组成部分，并将在未来 10 年内快速成长。生物制造化学品的规模和范围都将进一步扩大，其中包含高值和大宗化学品。**报告中提到的领域的进步将会为提升生物技术在国家经济中的贡献发挥重要的作用。尽管本报告的路线图是明确为了推动工业生物技术而设计的，但报告中需要和描述的基础研究的很多方面都同样可以广泛用于健康、能源和农业等其他领域。

技术路线图被分解为 6 个主要类别，按照化学品制造流程的生产模型来划分(图 1-1)，可分解为 6 个主要类别，分别是：

1. 原料与预处理；
2. 发酵与过程；
3. 设计工具链；
4. 生物体：底盘；
5. 生物体：途径；
6. 试验与测量。

每个类别包含一系列结论(表 S-1)及路线图目标(图 S-1)，代表该领域的阶段性突破。必须说明的是，并非所有的路线图目标都适用于所有制造部门。例如，路线图关于原料部分目标的制定假设了原料成本是整个生产成本的主要部分，这是针对燃料或其他大宗化学品来说的。为了与当前制造成本竞争，原料需要降低成本并进一步多样化。类似地，减少生物过程中的用水量不仅可以降低成本，还可以使生产过程更环保。这对于大部分大宗化学材料也同样适用。

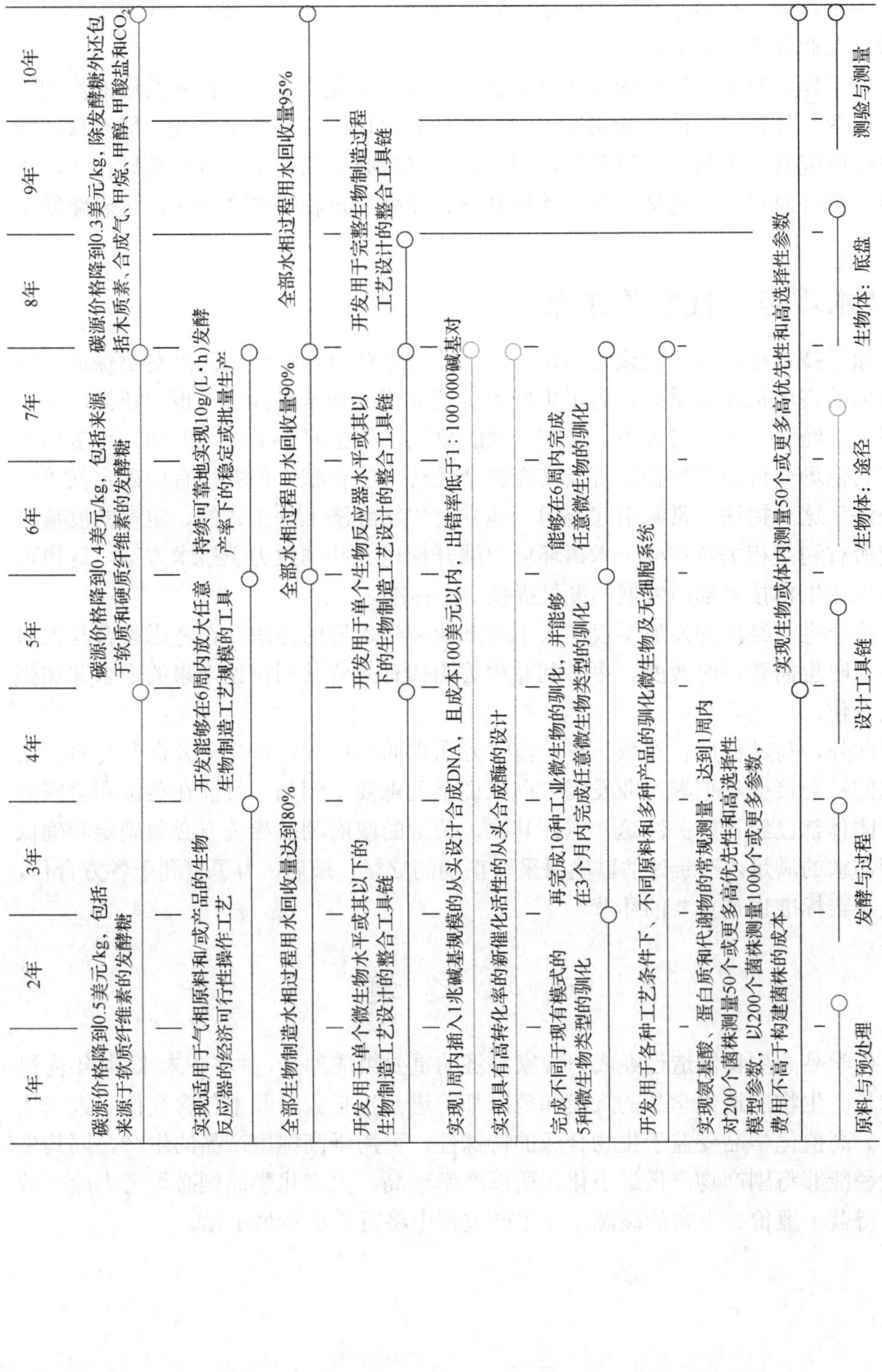

| | 1年 | 2年 | 3年 | 4年 | 5年 | 6年 | 7年 | 8年 | 9年 | 10年 |
|---|---|---|---|---|---|---|---|---|---|---|
| 原料与预处理 | 碳源价格降到0.5美元/kg，包括来源于软质和硬质纤维素的发酵糖 | | | | 碳源价格降到0.4美元/kg，包括来源于软质和硬质纤维素的发酵糖 | | | 碳源价格降到0.3美元/kg，除发酵糖外还包括木质素，合成气，甲烷，甲醇，甲酸盐和$CO_2$ | | |
| 发酵与过程 | 实现适用于气相原料和或产品的生物反应器的经济可行性操作工具 | | | | 开发能够在6周内对任意大尺度于软质制造工艺规模的工具 | | 持续可靠地实现10g/(L·h)发酵产率下的稳定批量生产 | | | |
| | 全部生物制造用水相过程用水回收量达到80% | | | | | 全部水相过程用水回收量90% | | | 全部水相过程用水回收量95% | |
| 设计工具链 | 开发用于单个生物反应器水平或其以下的生物制造工艺设计的整合工具链 | | | | 开发用于单个微生物水平或其以下的生物制造工艺设计的整合工具链 | | | 开发用于完整生物制造过程工艺设计的整合工具链 | | |
| 生物体:途径 | 实现1周内插入1兆碱基规模的从头设计DNA | | | | | 实现1周内插入1兆碱基规模的从头设计DNA，且成本低于1：100 000碱基对，出错率低于1：100 000碱基对 | | | | |
| | 实现具有高转化率的新催化活性的从头合成酶的设计 | | | | | | | | | |
| 生物体:底盘 | 完成10种工业微生物的驯化，并能够在3个月内完成不同于现有模式的5种微生物类型的驯化 | | | 再完成10种工业微生物的驯化，并能够在6周内完成生物驯化 | | 能够在6周内完成任意微生物的驯化 | | | | |
| | 开发用于各种工艺条件下，不同原料和多种产品的驯化微生物及无细胞系统 | | | | | | | | | |
| 测验与测量 | 实现氨基酸、蛋白质和代谢物的常规测量，达到1周内对200个菌株测量50个或更多优先性和高选择性模型参数，以200个菌株测量1000个或更多参数，费用不高于构建菌株的成本 | | | | 实现生物工具链 | | | | | |
| | | | | | 实现生物变体内测量50个或更多高优先性和高选择性参数 | | | | | |

图S-1　推动生物学产业化发展的技术路线图

相比之下，路线图在生物体(底盘与途径)、设计工具链等方面的目标将会有益于产量小而价值高的化学品，如药物等，该领域需要发展新的代谢途径以带来更高的附加值。很多这一类的基础研究不仅适用于工业生物技术，还将给健康、能源、农业等带来影响。

以下建议对于路线图的成功至关重要：**为了转变工业生物技术发展的步伐，促使商业实体发展新的生物制造过程，委员会建议国家科学基金会、能源部、国立卫生研究院、国防部，以及其他相关机构支持必要的科学研究与基础技术，以发展和整合原料、生物体底盘与途径开发、发酵与过程等多个领域，达成路线图目标。**

## 非技术观点与社会关注点

除了技术路线图、建议与结论，诸多非技术观点与社会关注点对于保证路线图目标的实现也非常重要。为了更好地实现前述的技术目标，本报告还提出了一系列关于经济、教育与人力、监管方面的建议，列在**表 S-2** 中。例如，许多报告都在其他场合讨论了生物经济及其在整个经济中的贡献，但并没有明确定义"生物经济"这一提法，常常引起混淆。建立对生物经济上的正式的、定量的度量可以使所有利益相关者在同一术语环境中展开探讨并共同致力于技术方案，这也可以为工业生物技术部门发展的度量提供一个标准。

鉴于生物经济的发展不仅扩大了对产业和学术界的需求，在考虑教育与人力的需求时也需要适时改变。更多利益相关团体有必要共同讨论未来的需求并加强广泛合作。

此外，与其他成长领域一样，监管方面也面临挑战。首先，公众参与对于新技术的社会接受和把握产业发展方向来说至关重要，例如，目前在英国和美国的很多团体都已经开始关注这一点；其次，关键的政府利益相关方必须确定和确保监管需求的满足，不断评估以确保采取正确的立场；最后，为了有利于各方合作，发展事实标准也是重要的环节。

# 成 功 之 道

化学品的生物制造已经成为国家经济的重要组成部分，并将在未来10年内快速成长。生物制造化学品的规模和范围都将进一步扩大，其中包含高值和大宗化学品。高值化学品受益于生物合成的特殊性，可用于高纯度产品的生产，因其生物途径能够将副产物产量最小化，所以产率较高。大宗化学品则必须考虑成本效益，得益于廉价、丰富的碳源，在生产过程中将货币成本最小化。

　　不过，生物技术在化学品生物制造方面的产业化愿景的实现必须通过多个利益相关方长期共同努力才能实现，未来 10 年的发展十分关键。因此，**委员会建议相关政府机构考虑建立一个长期路线规划机制，持续引导技术开发、转化和商业化发展。**

　　正如第 5 章所述，一个与时俱进的路线规划行动将成为本报告多个路线图目标与建议的催化剂，并促使多个利益相关团体开展更有力的合作。报告提供了多个案例来阐释如何在实际中应用这些方法。

# 1 简介和背景

高效地生产有用产品并提供良好服务是工业发展的基础，且 200 多年以来一直推动着经济增长 [11]。在此期间，随着科学认识、技术能力和市场需求的发展，那些推动工业化的基础技术也在不断进步。19 世纪，人们对物质的化学性质、反应机制及物理和催化过程的认识改变了工业面貌。例如，像靛蓝染料这种以前只能从天然物质中提取并主要依赖于人工生产的产品，在 1882 年后已经能够化学合成且价格实惠。阿司匹林等药物同样也被分离并合成出来，使人们负担得起，从而得到广泛使用。20 世纪早期，人们对化学的新认识使得原油转变成为重要的原料，用来生产一系列化学品，包括塑料、油漆、清洁剂和纺织品等。20 世纪早期物理学领域中的发现也改变了工业面貌，开辟了电子、计算机、卫星和移动通信等新领域，使经济、文化和全球社会发生了变化。

从最早的农作物培养和动物驯化到农业革命，再到当代的生命科学世界，人类的进步主要是通过对生物过程的利用和改善来实现的。生物系统的复杂性看似难以被认识和理解，甚至直到最近利用和改善生物过程仍旧是一种基本上以经验为依据的探索。

工业生物技术所依赖的许多基础科学都是 20 世纪中期开始形成的，特别是 1953 年 Watson 和 Crick 对 DNA 结构及对 DNA 双螺旋结构的发现为编码信息提供了独特机制的认识。此后的几十年里，人类对这些基础的生物构造块与生物系统功能性能之间的关系又有了重大的新认识。21 世纪伊始迎来了计算机和大规模数据处理能力的快速进步，推动了源于高通量筛选法的数据转化成为更加强大的预测性设计技术。生命科学与化学、化学工程学、计算机科学和其他学科的交汇增强了生物科学被应用于化学制造的产业化潜能。

经济合作与发展组织(OECD)首先将生物经济定义为通过工业规模的生物技术和加工制造将可再生生物资源与生物过程联系在一起来生产可持续生产产品、创造就业和提高收入的一种经济形态 [12]。奥巴马政府在其 2012 年《国家生物经济蓝图》中简单地将生物经济重新定义为"以生物科学研究与创新的应用为基础，用以创造经济活动与公共利益的经济形态" [1]。报告继续指出美国的生物经济"无处不在"，表现在新的生物基化学品的出现、公众健康水平因药物和诊断学的改进而得到提高、生物燃料的发展减少了对石油的依赖。

如果我们想要通过加速生物工业化来实现普遍利益，需要一个前瞻性的策略，并通过制定一条技术路线来实施这个策略，正如当初半导体行业发展和宇宙空间探索采取的技术路线一样。

各个领域齐头并进和相互交汇为上述目标的实现创造了条件，包括新型工具、技术和计算模型的激增；新的投资机会和金融工具；从科学的融合和多学科融会贯通研究得到令人振奋的新见解；创新型商业模式和初创企业（大型和小型）；美国下一代制造业的生物系统设计平台；以及增强竞争力和创造优薪工作岗位的新机遇。这些趋势也将变革现有的化学生产模式，建立起新的化工领域和其他由生物工业化衍生出的领域，并为先进化学品制造产出的生物基产品开辟出一系列新兴市场。

本报告所拟定的路线图强调了一种普遍认识，即 21 世纪的革新将日益依赖于生物学，尤其是生物学与工程和物理科学的融合。正如美国国家研究理事会的一份报告中所展望的"生物学各种层次的发现都将引起科学界的巨大反响，而且还能提出全新的见解，从而为一些看似不相关的研究领域提供实际解决方案"[13]。制定以生物工业化加速先进化学品制造发展的路线图将开始实施奥巴马总统 2011 年所谈到的"世界正在向创新型经济转变，而说到创新，没有哪个国家比美国做得更好"[14]。

# 委员会责任和职责范围说明

应美国国家科学基金会和能源部的要求，国家研究理事会任命了一个具备专业知识的特别委员会负责为生物学路线的化学品制造确定关键的里程碑式技术。该委员会的任务主要包括：①识别关键的科学和技术性挑战；②确定支撑研究和应用的基石，包括工具、测量技术、数据库和计算机技术等，以及它们的研发时间轴；③讨论如何制定、共享和传播具有可互操作性的共同标准、语言和度量单位；④讨论何时且如何在追求技术挑战的过程中将非技术观点和社会关注的问题考虑进去（框 1-1）。

为了完成这项任务，委员会在华盛顿特区召开了为期两天的研讨会，广泛收集专家和利益相关者的意见。发言者提出了对化学工业过程的看法和关于规模扩大（或横向扩展）生产的经验、洞悉了生物技术安全和生物防护方面存在的挑战，并讨论了基因组合成技术水平上的改造、检测、计算机辅助设计和大分子技术等领域。委员会将本次研讨会得出的见解作为其进行审议的根据，并在研究过程中收集更多的数据。

委员会确定了需要重点推进以确保生物工业化加速发展的三个方面。

1. 根据技术和经济标准选择合适的化学品、材料和燃料对象；
2. 支撑生物工业化过程的科学与技术的快速和持续发展；
3. 衔接影响本行业加速发展的重要社会因素。

框 1-1

## 任 务 描 述

　　为了使利用生物系统发展化学品先进制造的研究投资能够实现全面效益，特别委员会将制定一条有关基础科学和工程能力在知识、工具和技术等方面必需进展的路线图。委员会将在研究合成化学、代谢工程、分子生物学和合成生物学层面，确定下一代化学品制造的关键技术目标，并识别到实现这些目标存在的知识、工具、技术和系统等方面的差距，以及需要设定的指标和时间轴。委员会还会考虑实现路线图所设目标所需的技能，以及培养所需科学家和工程师骨干需要什么样的培训机会。所需的工具和技术除了用于发展化学品制造业，也将在改进健康、能源、环境和农业等领域有重要应用，委员会确定的挑战也同样关注其在这些领域的应用。

　　委员会在其研究和报告中考虑的路线图要素包括：

- 识别关键的科学和技术性挑战；

- 确定支撑研究和应用的基石，包括工具、测量技术、数据库和计算机技术等，以及它们的研发时间轴；

- 讨论如何制定、共享和传播具有可互操作性的共同标准、语言和度量单位；

- 讨论何时且如何在追求技术挑战的过程中将非技术观点和社会关注的问题考虑进去。

　　利用生物系统推进化学品先进制造需要改进科学与工程学，为了实现这些改进需要必要的人力保障，为此，报告将为研究和研究资助团体提供关于主要挑战、所需知识、工具和系统等方面的指导。报告中将不会提供融资、政府组织或政策事项方面的相关建议。

## 定义

　　本报告中使用了许多关键术语。由于许多术语在国际上并没有通用的定义，鉴于本报告的目的，我们对以下术语进行了定义：

　　**生物经济**是指由生物过程和生物制造衍生出的经济形态。根据**图 1-1**，原料是指制造过程采用的原始材料，其形式可以是生物质、原油或精炼石油烃产品或已经进行了某种化学改造的物质。同样，**产品**是指被改变了化学结构的材料。最后，**转化**是指化学结构的改变，可以通过传统的化学合成、生物途径(或者这两种方法的结合)来实现。

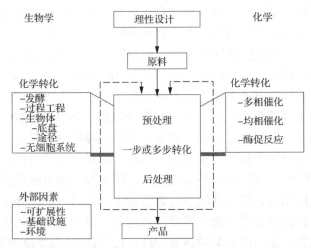

**图 1-1** 化学品制造流程图，展示了报告提出的从理性设计到产品生产的化学品制造过程概念模式

**生物技术**涉及"使用活细胞、细菌等制造有用的产品"[15]。**基因工程**主要围绕重组 DNA 的切割和连接及其与生物体的结合，以达到改变其特征的目的[16]，如创造新产物或提高产物产量。基因工程由多种技术构成。**蛋白质工程**探索如何修改蛋白质的特性，以达到提高蛋白质稳定性或催化新反应的目的。**代谢**工程是有目的地改变代谢和基因的调控及信号网络，以提高化学品的产量。

**合成生物学**是一门新兴学科，它追求的是为生物系统设计带来更快的速度、更高的成本效益和更强的可预测性。该领域利用工程原理将遗传特征还原为 DNA 元件，以了解其如何在活细胞中组合并行使所需功能。科学家在构建长片段 DNA 和"编辑"自然生物体基因组方面已取得显著进步。英国合成生物学路线图协调组将合成生物学定义为"对基于生物学元件、器件和系统的设计与工程，以及对现有天然生物系统的重新设计"[17]。合成生物学仅仅是一个工具，而不是目的。合成生物学的进步加速了生物工业化的发展。

# 化学品制造

人类健康、能源、环境和农业是生物技术应用的重要领域。这些领域已经取得了巨大的进展，并将随着本报告中讨论的科学和技术里程碑事件的成功而加速发展。委员会强调生物工业化与健康、能源、环境和食品的关联性，本报告重点关注的是通过生物工业化加速化学品的先进制造。

正当人们积极寻求化学品制造的新方法时，生物科学领域在这方面的新能力逐渐凸显。尽管石油化学品制造工业日趋成熟，新的全球性挑战已经显现，但为了供养全球日益增长的人口，食品和服务的供应必须更具有可持续性，由此需要以更加高效的方式利用化石原料，并更多地利用可再生原料。

**图 1-1** 构建了本报告所讨论内容的框架，给出了化学品制造过程（包括实现化学转化的生物途径和传统化学途径）的流程图。究其本质，化学品制造过程有四个基本的路径点。在确定好产品概念或产品属性之后，要考虑合理的过程设计。这包括考虑科学与工程的能力，同时也要开始考虑那些会生成所需产品的潜在化学转化过程。选择原料是设计过程的一部分。如果是传统的化学品制造，原料可能是原油。如果是采用生物转化法的化学品制造，原料可能是从植物中提取的材料（如柳枝稷、玉米秸秆）或原油与烃的混合物。图中绿色的方框代表将要出现的化学转化的核心组成部分。这种情况下，通常会先对原料进行预处理，然后才开始一步或多步化学转化以生成产物。需要注意的是，促成这一转化可以使用化学法也可以使用生物法。最后经过某种后处理过程（如将产品与发酵液分离）产出最终产品用于销售，或者生成中间产品进行进一步化学转化。本报告将提出该图中的各个方面，包括理性设计、原料选择和开发、预处理加工和过程设计及各种化学转化法存在的技术与社会挑战。此外，本报告还将讨论影响整个生产过程的诸多外部因素，包括可扩展性、基础设施、环境，以及法律和商业框架等。

本报告涉及生物学在工业用和消费用化学品生产中的应用。如**图 1-2**所述，这些产品包括大宗化学品（当今大部分大宗化学品是通过化学途径生产的）和精细化学品，后者可能更加适用于生物技术法生产。大宗（批量）化学品包括终端产品（如燃料化学品）和大宗化学中间体（如乙烯、丁二烯等）。一些精细化学品是可以通过工业生物法直接生成的天然产物，其他产品则可能是天然产物的改良品如用作催化剂或添加剂的工业用酶和多肽。

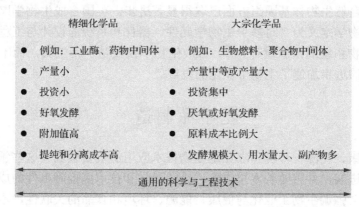

| 精细化学品 | 大宗化学品 |
| --- | --- |
| ● 例如：工业酶、药物中间体 | ● 例如：生物燃料、聚合物中间体 |
| ● 产量小 | ● 产量中等或产量大 |
| ● 投资小 | ● 投资集中 |
| ● 好氧发酵 | ● 厌氧或好氧发酵 |
| ● 附加值高 | ● 原料成本比例大 |
| ● 提纯和分离成本高 | ● 发酵规模大、用水量大、副产物多 |
| 通用的科学与工程技术 | |

**图 1-2**　小产量精细化学品与大宗日用化学品生产在技术、经济和生产方面的差异对比

尽管本报告所述的许多产品来自于可再生原料（淀粉或纤维素衍生糖），但报告主要关注的是利用生物学方法生产化学品和材料，无论其使用的是何种原材料。与本报告内容关系密切的是包括化学转化和生物过程在内的生产过程工艺。

# 工具和技术

驱动生物工业化的核心技术也是微生物技术的核心驱动技术。利用生物过程生产化学品需要使用活的生物体进行发酵、采用无细胞生物过程或者简单的酶促合成法。因此合成生物学是推进生物工业化的核心。合成生物学利用重组 DNA 技术和微生物 DNA 提高读写与编辑能力，从而设计和构建出新的、更加高效的代谢途径。

这些技术通常（但也不尽然）会影响我们通过生物过程实现化学转化的能力。

一些领域的研究进展能帮助提高这些技术的发展速度和效率，同时降低成本。其中比较重要的领域包括以下几点：

1. DNA 测序与 DNA 合成技术的进步已极大地减少了合成生物学研发的相关成本。蛋白质组学和代谢组学继续深化对细胞的生物化学认知。高通量技术加速了代谢工程的发展，并缩短了在宿主体内构建代谢途径的时间，降低了相关成本。

2. 生物信息学和细胞分析工具使我们对基因表达和细胞代谢有了更加详细的了解，包括汇集、利用、检索和共享合成生物学相关大数据集的能力。

3. 前期研究已增加了可用于为细胞构建新功能的 DNA 元件的数量和范围。这包括收集来自序列数据库、合成酶及进行了功能表征的酶的大量清单。另外，还对更多的可控表达的调控成分进行了更加精确的表征[18]。

4. 建模和可视化工具是蛋白质工程的关键。预测建模对于蛋白质、代谢途径和全细胞代谢水平上的研究很重要。建模在宏观层面同样重要，包括从预测全部细胞如何作为一个群体运作及如何与环境互作到生物过程设施的设计和运行。

5. 通过生物过程进行工业规模的化学品制造需要设计和运行大规模设施，这些设施应能够高效地生产和提纯化学产品。发展新的生物过程和扩大规模所需的科学和技术对生物工业化非常重要。

# 社会因素

加速生物工业化需要多个社会因素融合，包括受过适当培训的人力、适当的法律框架、基础设施建设和标准操作程序，确保安全地对生物过程使用的生物体进行限制、操作和处理。生物过程制造的化学品的商业化可行性需要考虑公众对其的接受和支持程度。此外，政策的国际协调性会使经济和监管环境更加有利于生物工业的进步。政策制定者面临的挑战是要寻找恰当的监管工具组合来推动创新，但同时也要考虑多样化的价值观并行使有效的监督。

为了促进生物工业的潜能释放，其所需的人力需要融合多学科教育，丰富其在生物学、化学、工程学和计算机技术方面的专业知识。某些行业的应用还需要环境科学方面的专业知识。为了保障生物工业的稳健发展，其所需的人力还应具备能够创造和安全操作复杂生物体的专业知识。

工业生物技术需要一个能平衡多个重要的社会目标且体现重要价值观的监管框架（**图 1-3**）。监管涉及运用各种治理工具，通过治理工具来规范行业行为包括对行业参与者的教育，以及通过制定标准、合格认证、制定政府标准和规章、公众参与和公众监督、侵权行为赔偿责任机制及完善安全标准和管控的其他机制来实现行业的自我监管。对于生物工业的监管来说，关键目标就是确保安全（识别和降低风险）和可持续性。要想实现广泛利益，工业生物技术就必须减少对环境的影响、坚持采用生物原料，并依照尊重人与动物和环境的较高安全标准来运行。

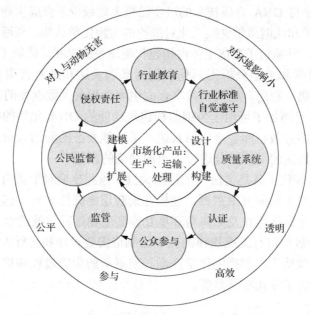

**图 1-3** 监管工具。本图表明了具体生产过程（即中间的四边形图）、各种监管工具（即灰色圆圈部分）和化学品制造的监管结构应当重视的概念（即外圆部分）之间的关系

总而言之，生物过程的经营权是社会赋予的。必须要利用监管框架的约束来提高生物过程的安全性，但当前的监管框架并不够充分。必须建立公众对相关科学和技术的充分了解与接触，才能确保他们接受新技术生产的产品。

# 报 告 内 容

报告接下来的部分详细阐述了上述任务内容的要素。

**第 2 章**验证了加速生物工业化的独特机遇，这个机遇源于生物学、化学、化学工程学和其他关键领域的融合、新工具和新方法的出现及当前通过生物过程制造化学品取得的经济上的成功。本章对生物工业化的核心驱动因素进行了讨论，并确定了生物工业化发展过程中需要认真应对的社会挑战。

**第 3 章**提出了一个未来发展愿景，生物工业在这一未来世界里无所不在。本章探索了通过生物过程能够生产出哪些产品，需要发展什么样的经济基础设施，以及这些改变会给社会带来哪些效益。本章还确定了随着生物过程的化学品制造日趋成熟而产生的一些社会问题，并讨论了为解决这些问题可能用到的监管机制。

**第 4 章**呈现了委员会的生物工业化技术路线图，包括路线图的具体目标及原料利用与开发、化学转化和生物体深层次了解的时间轴。本章还讨论了各主要技术领域的关键方面，针对如何快速实现路线图目标提出了具体建议，并说明了将路线图和路线图制定过程视为一项持久过程的必要性。

**第 5 章**将委员会对技术和非技术问题的分析与评估提炼成一整套具体建议，提供给生物工业化的利益相关者。

# 2　工业生物技术：过去与现在

## 生物经济与全球挑战

生物工业化的发展对国家乃至全球都有深远的影响：

1. 推动创新型经济发展和可持续的经济增长；

2. 可能提供当前重大社会挑战的解决方案，如帮助生产清洁、实惠的可持续能源；

3. 帮助实现可持续发展的下一代制造业；

4. 创造新的技能和工作岗位，为当代和后代造福。

以生物工业化加速先进化学品制造的发展，可推动美国创新型生物经济的快速增长。化学生产和新材料研发过程中生物材料和生物过程的开发与使用将日益显现对经济的重要贡献。生物工业化带来的社会、环境和经济效益，将经济增长与公众利益和公民更加美好的生活联系在一起。

## 生物基市场已经显现并繁荣

如本报告所显示，生物工业化带来的经济和社会效益令人瞩目。生物技术市场在美国已经占有重要份额，2012 年在国内生产总值（gross domestic product，GDP）中的占比超过 2.2%，即经济活动金额超过 3.53 万亿美元[2a]。据欧盟委员会估计，欧洲的生物经济（不包括保健领域的应用）价值已超过 2 万亿欧元/年，聘用的相关人员超过 2150 万人[19]。

Carlson 提出了国内基因工程产品总值（genetically modified domestic product，GMDP）的概念并进行了测算，将生物基产品和技术市场与整个经济进行了对比。分析结果显示，"美国经济，尤其是美国年度 GDP 的增长，正日益取决于生物技术"[2a]。Carlson 的 GMDP-GDP 对比研究表明，生物技术市场作为美国 GDP 的一部分已得到迅速增长，到 2012 年，该市场占年度 GDP 增长的 5.4%[2a]。

生物基化学品既不是全新事物，又不是历史久远的人工制品。据估计，当前全球的生物基化学品和聚合物生产已经达到约 5000 万 t/年[20]。发酵、烘焙和鞣制等生物加工技术在人类历史上很早就开始使用了。在近代，我们已经见证了基因工程等科技和工业生物技术发展带来的重大进步。

根据 OECD 的几项分析，"工业生物技术已经快速成熟并生产了一系列具有实用价值的产品，包括大量的生物基化学品和生物塑料"[21]。2009 年的一份 OECD 报告曾预测，到 2030 年，OECD 成员国中生物基产品将占至少 2.7%的 GDP[22]。而仅过去 5 年后，科学研究和技术开发取得的飞速进展让 OECD 不得不刷新这一预判。在丹麦，预计约 40%的制造业发生在"细胞工厂"中[23]。

另一项近期研究确定了日益繁荣的生物基产品市场的快速成长。安捷伦科技有限公司的数据显示，2012 年美国仅源自工业生物技术的企业收入就至少达到了1250 亿美元[2b]。在美国的经济收入中，生物基化学品应用的收入达到约 660 亿美元，生物燃料收入则占 300 亿美元。根据 Lux Research 公司的估计，采用合成生物制成的工业化学品目前已形成 15 亿美元的市场，这一市场可能会在未来以15%～25%的年增长率扩张[3]。最近美国农业部(USDA)报告中提出，截至 2015 年，生物基化学品在化学品市场中所占份额超过 10%。

生物基化学品市场及用于化学品制造的工业生物技术的增长大约是其应用于生物医药或者农业领域增长的 2 倍(图 2-1)。这也反映了新结构市场的转变，因为分散的生产过程、创新的价值链及与纵向整合化学品制造设施相互竞争和补充的合作企业曾在 20 世纪产生重大影响。

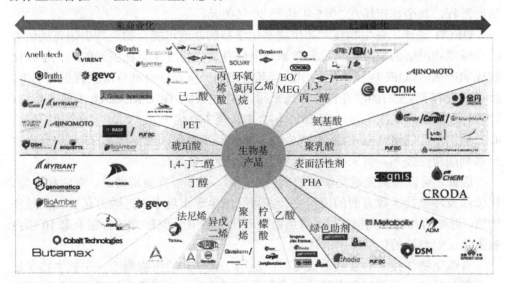

图 2-1 生物基产品的竞争情况：生物基产品的行业生态系统已展现出竞争活力，此图提供了生物过程成功用于化学品制造的典型例子

新型生物技术和过程的迅速崛起促进了新的化学品与生物化学材料的发展。生物学研究正在广泛应用于针对一系列难题的创新型、资源节约型解决方案。

生物基化学品的先进制造涉及的三个相关领域已经出现了快速增长：使能技

术(发展先进的化学品所需要的工具和平台)、核心技术(生产化学品的过程和原料投入)及可行的产品(市场上的化学产品)。根据 BCC Research 咨询公司的研究，合成生物学相关的这三个领域均以每年超过 70%的速度增长；截至 2016 年，使能技术的显著市场为 6.53 亿美元，核心技术的显著市场为 6.99 亿美元，可行化学产品的显著市场为 28 亿美元[24]。

# 工业生物技术的创新动力

通过生物工业化加速化学品先进制造发展的生物经济市场机会仍未实现最大化。正如奥巴马政府在 2012 年《国家生物经济蓝图》中所假定的那样，加快发展美国生物经济中的生物基新型化学品和材料可以"延长美国人的寿命，让美国人过上更加健康的生活，减少美国人对石油的依赖，解决关键的环境难题，转变制造过程，增加农业产量和品种，提供更多的新工作岗位，并培育新的产业"[1]。

Milken 研究所在 2013 年的报告中指出，"96%的美国商品采用了几类化学产品，依靠化学工业的商业发展为美国带来 3.6 万亿美元左右的 GDP"，强调了该领域巨大的潜在机会[25]。作为生物工业化主要发展目标的酶可用于消费产品和工业生产过程，其全球市场在 2015 年达到 80 亿美元。

OECD 预计工业生物技术和生物基化学品的制造可能会加速并引领充满活力的全球生物经济的发展。当我们意识到全球有价值超过 4 万亿美元的由化学转化制成的产品时，OECD 和其他组织预言其潜在的经济与社会利益就变得更加明晰，而目前仅有 5%左右的潜在目标市场采用了生物技术。BCC Research 的研究指出，针对化学品的合成生物市场到 2016 年会增长至 110 亿美元[24]，麦肯锡全球研究中心一项更全面的研究则预测，合成生物学和生物工业化的发展到 2025 年将会产生一系列颠覆性技术，带来的经济影响至少为 1000 亿美元[26]。

因此，可以预测先进化学品的制造在能源、健康、高级消费品、农业和食品、化妆品及环境技术等方面的应用将会在可行的全球市场中创造数万亿美元的经济价值。近期的几份研究报告估计，当前的石化产品中至少有 20%会在未来 10 年内被生物工业制造的化学品所取代[25]。

合成生物学技术的发展不仅可以广泛用于化学品的生物制造、引领生物学进入工程化时代，还可以带来其他多方面的经济效益，包括开发创新产品和过程的潜能，分散生产流程和价值链，为新的行业参与者(包括高增长的中小型企业)创造动力，提供新的工作岗位和技能，促进新型商业模式的建立等。

除了置换或替代型发展，生物工业化还将促进用于化学品、燃料和材料的新型化合物分子的生产，这是目前利用化石资源或传统制造过程无法实现的。生物工业在这方面的创新潜力和市场机会十分巨大。测量工具、计算机辅助设计的重大进步及"设计-构建-测试-总结(design-build-test-learn，DBTL)"循环——从最基础的水平到活性物质操作的水平，再到在商业竞争的产业规模上生产复杂化学品的水平——不仅提供了新的工具，还创造了新的生物经济市场和投资机会(框2-1)。

---

**框2-1**

**生命铸造厂**

例如，多家企业、国家实验室和大学共同参与了美国国防部高级研究计划局(Defense Advanced Research Projects Agency，DARPA)的"生命铸造厂(Living Foundries)"项目工作，研发新工具以快速实现生物学的工程化。如果我们快速实施并扩大在之前工业生产中从未出现过的原型基因设计及操作系统，那么解决"今天不可能"的工业项目就有望变成"可能"。其最新的大型计划"1000分子计划(1000 Molecules Project)"可以说是对传统的化学品和材料产业与过程的根本性颠覆，旨在通过开发1000种新型化学建构模块以在未来3～5年研制出分子级和纳米级的全新产品。

---

因此充满活力的颠覆性新工业生态系统正在崛起。尽管合成生物学仍处在发展的早期阶段，美国合成生物学公司的数量已从2009年的54家增加至2013年的131家[27]。大量初创公司成立，且其中大多数公司已经通过首次公开募股成功进入了公众视野。但是这些数据还不足以完全反映合成生物学对经济影响的全貌，因为大公司在很多领域中迅速崛起并对其兴趣愈加浓厚。

已成立的化学品公司对内部投入大量资金，或与初创公司合作，或者两者同时进行。由于合成生物发展推动了创新型合作，新型商务模式正在激增。大学与产业的合作方式可从高风险基础研究到后期原型开发项目，这些项目在市场价格和性能特点方面可进行规模扩张和竞争。

## 实现生物工业化，制定宏伟的路线图，加速化学品的先进制造

六大核心动力(简称"6C")旨在促进生物工业化，并加速发展化学品的先进制造，包括：①生物学和工程学的融合；②社会挑战，包括全球性的巨大挑战，涉及能源、气候变化、环境、农业与食品、健康；③竞争力；④人力与资本；⑤新型使能工具、平台、数据与过程竞争力的融合；⑥科技与产业的现状和就绪程度。

## 融合

在化学品制造领域的生物工业化是通过各种新型转化形式融合生物学和化学及工程学来实现的。作为美国先进化学品制造策略的一个重要组成部分，它寄希望于重点发展生物过程，促使在下一次工业革命中实现更精确、快速、低廉且可持续地制造化学品。

融合不仅包括跨学科研发交叉与科学整合，还包括先前不同工业部门之间的整合，如化学合成、工业生物技术与生物能源、信息技术及各业务部门的使能工具和平台。跨学科科学、技术、工程学、数学及业务交叉市场和创新商业模式的不断融合，能够促使新的解决方案适应先前面临的各种难以应对的社会挑战。

近年来，已有四份权威报告强调了这一趋势，并指出融合作为一种核心动力的重要性。2009 年，《二十一世纪新生物学》*一书出版并受到广泛关注[13]。该书指出，物理科学在 20 世纪实现了信息与通信技术革命，并取得了其他重大突破，而生物学将成为 21 世纪的主要创新驱动力。同时，该书还提出，生物学正不断地与以往各种学科相互融合，包括化学。这种新型的融合不仅为新的经济增长提供基础，还将为应对 21 世纪全球的巨大挑战提供工具和平台。

2011 年，麻省理工学院研究人员曾提出，我们正迈入生命科学领域的第三次革命[28]。第一次是 DNA、遗传学和分子生物学革命，为当今现代生物技术产业和方法提供了依据；第二次是基因组学革命，使得人类基因组计划成为可能；第三次革命则以融合为基础，并致力于通过全新的方式融合生物学和工程学，从而改变下一代制造和生产。

第三份重要报告来自于美国艺术与科学院（American Academy of Arts and Sciences，AAAS），题为《推进科学与工程研究：发动美国研究与创新型企业》。需注意的是，生命科学和物理科学的思维模式与组织原则之间存在的众多历史差异正面临着许多挑战和机遇，同时，过时的结构和方法阻碍了合作、交流和研究转化成新型产品与服务。当物理科学将基础研究和应用研究结合起来视为一个"相互作用统一体"时，生命科学开始趋向于对其各学科明确区分基础研究和应用研究[29]。这份报告给出了两条重要建议：第一，美国的研究与创新型企业必须遵循一种新的跨学科组织原则。AAAS 呼吁制订激励措施，以确保"独立学科范围内形成的专业工具和知识能分享和结合，以实现各学科之间概念和功能的深度整合"[29]。第二，它还建议在整个探索和发展过程中建立一个相互依存的生态系统，以便将学术、政府和私营部门联系起来。

---

　*编辑注：本书中译本于 2013 年 6 月由科学出版社出版发行

随后，在 2014 年 5 月发布的一份国家研究理事会报告《会聚观：推动跨学科融合——生命科学与物质科学和工程学等学科的跨界》[†]谈到了两个方面：融合小部分必要的专业知识，以解决一系列研究问题；构建伙伴关系网，以支持此类科学调查研究。这两个方面进一步将产生的进展转化成新的创新形式和新型生物基产品及服务。

在此框架下，融合促使围绕学科领域根据传统做法建立的学术机构和科技管理部门发生了重要的文化与组织转变。需要融合的整个生态系统不仅包括学术贡献者，还将使国家实验室、工业界、民间科学家和资助机构的观点与经济学家和社会科学家提供的最新观点广泛地交叉渗透。融合过程适用于基础科学的发现及工业中的转化应用。由于一般关注的是在知识和新市场的前沿取得进展，因此，融合过程包含一个重要的企业精神因素，该因素可促进初创公司新型关系网络和生态系统的发展及经济的创新。

对于这种融合的一种新的比喻是"将细胞视为未来工厂"。根据美国麻省理工学院媒体实验室研究人员 Neri Oxman 的评论，"生物世界正在替代机器而成为一种通用的设计模式"[30]。简而言之，在未来 50 年内，生物学和合成生物学的工业化将与过去 50 年内已带动经济增长的半导体及相关信息技术、通信设备同等重要。

# 在应对全球巨大挑战中的社会效益

与传统制造相比，利用生物学开展化学品的先进制造可能产生社会效益，同时更易于平衡经济增长与可持续发展之间的关系。除通过创新、生产力提高和经济可持续增长的新来源来实现经济效益以外，还可利用生物工业化促进化学品的先进制造应对 21 世纪的巨大挑战，包括能源、气候变化、可持续且生产力更高的农业、环境可持续性及社会包容性增长。

## 能源

生物工业化可提高美国的能源独立性。基于生物来源如植物、藻类、细菌、酵母、丝状真菌和其他生物体而制造的先进化学品可替代目前从石油或其他化石燃料提炼出的许多化学品。经理性设计的生物基生产过程，包括新型生物基原料利用，不但可提高能源效率，而且在某些情况下还能够降低能源成本。

---

[†] 编辑注：本书中译本于 2015 年 4 月由科学出版社出版发行

在不久的将来，随着经济的发展，新兴发展中国家对化学品和化学过程的需求将逐步增加。随着众多新兴市场对石油和其他稀缺自然资源需求的快速增长，具有可持续来源的新型先进生物基化学品，可能是满足消费者需求的唯一可行途径。

实现生物经济和新型先进化学品制造的转变，是一些能源专业机构(如国际能源署)的愿望，即"在不远的将来，石油、天然气和煤的产量将达到峰值，且其价格将持续攀升"。近来，OECD 分析指出，2013 年生物基化学品和燃料生产的范围已明显扩大，生产平台已显著增加，这些进展可能"为进一步替代石油打开了大门"[31]。

## 气候变化与环境可持续

生物基化学品的先进制造过程会带来巨大的环境效益。目前，许多消费品生产商承诺推出"绿色增长"策略，此举对酶类和其他化学原料利用及更具有可持续性的生产过程提出了新的要求。经理性设计并实施的生物基生产过程，可降低有毒副产品的产出，同时相比传统的化学品制造过程，其产生的废物量更少。

新型先进化学品的制造过程不仅可缓解温室气体的有害影响，还能够使美国兑现其对全球气候变化的承诺。利用生物质原料，并采用先进制造过程实现生物工业化，与石油或其他化石燃料的生产过程相比，先进的化学品制造过程可明显减少温室气体的排放。

先进生物基化学品制造的发展也表明，碳中性产品的数量正在增加，但产品的整个生命周期(从设计到生产及处理)内产生的二氧化碳或其他温室气体不会出现净增加。与此同时，在生物基生产过程和产品生产的生命周期内，包括制造用于生产这些产品的先进化学品，废物的排放明显减少。与化石燃料相比，化学品的生物制造过程得益于较温和的生物过程条件，通常为低温和低压，其可持续性更好。其他环境效益来源于合成生物学及相关的生物修复技术，该技术可将污染的土壤重新恢复用于生产。OECD 指出，世界范围内的土壤流失速度是土壤形成速度的 18～30 倍，合成生物学等新技术的应用对限制土壤破坏和高效种植作物意义重大。

## 农业

该路线图强调商业竞争规模的制造业发展，将为美国农业发展创造新的机遇，并为其提供新的价值链，但该价值链不要求以交换土地为代价。Milken 研究所的研究指出，"生物基化学品为经济作物如柳枝稷创造了新的前景，对传统作物中的纤维素提出了新的需求，并在生化生产和过程方面提供了新的就业机会"[25]。

对高价值、低产量的生物基化学品和生物塑料及低价值、高产量的生物燃料和日用化学品原料的生物质需求的不断增加，将为农业的可持续创新发展提供新的机遇。用于生产生物燃料、生物基化学品及生物塑料的整合生产设施的经济和技术可行性愈来愈强。此外，先进原料的发展也可以帮助农民增加作物产量，以满足人口增长对作物的需求。

## 竞争与创新

生物工业化的前景及重要性已引起全球关注。中国正斥巨资研究合成生物学技术，并在未来 15 年的《国家中长期科学和技术发展规划纲要(2006—2020 年)》中提出优先发展相关技术[32]。英国也在未来"八大技术(the Eight Great Technologies)"中将合成生物学技术列为第二大前沿技术。目前，许多国家正在发展合成生物学、生物工业化及未来生物经济相关的国家战略或规划，其中包括许多新兴市场，如南非、巴西和墨西哥。

# 当今时代：科学与产业的现状与发展

## DNA 技术、系统生物学、元基因组学和合成生物学带来的机遇

生物学可用于构建具有原子精度的复杂材料和化学结构。生物技术刚刚开始利用这一能力，现阶段开发的前沿产品大多结构简单，如丁二醇、异丁醇、法尼烯和乳酸等，下一步则寻求生产更复杂的分子及分子混合物，而目前通过生物技术获取此类复杂化学品的生产仍受限于对多级生物转化过程设计的投资力度。

过去 10 年已见证了 DNA 读写、合成和纠错技术的飞速发展。基因工程项目的规模和复杂性正在迅速增大。从短期来看，这将用于生产更加复杂的化学结构和复合纳米材料，这需要对几十个基因进行精确调控。例如，从人类微生物群落中提取药品，从环境样品中制备杀虫剂，以及生产电子设备和医疗设备用金属纳米颗粒。从长期来看，生物体的从头合成有望用于更加复杂、多步骤的生物过程和产品自动组装。

DNA 测序的快速发展加深了人们对自然界背后的遗传学的认识，测序成本下降的速度已经比摩尔定律更快。2001 年对第一个人基因组[包括 32 亿碱基对(bp)]测序的成本为 27 亿美元。9 年后，完成了对 1000 个人基因组(包括 3.2 万亿 bp)的测序。2014 年，Illumina 公司发布了高通量测序仪 HiSeq X，只需 1000 美元就可以完成高覆盖度的人类基因组测序。除人类遗传学外，该技术用于对在环境中聚集或与宿主(如人类肠道)相关的生物群落宏基因组测序。序列数据库已随着信

息增加而迅速发展。截至 2013 年，已获得有关 24 万个生物体的 1.6 亿条序列，并构建成了一个庞大的天然生物元件目录，可用于发现或创建高价值化学品的合成路径。

获得这些化学品还需要除序列以外的其他更多信息。在过去，实验室之间的合作需要对基因等 DNA 材料进行实物交付。DNA 合成技术的发展促进了生物学向信息科学的发展。基于信息科学，DNA 可仅依据序列信息而重新构建，从而无需物理转移，并能够直接获取序列数据库中序列编码的生物功能[33]。DNA 合成技术可用于构建 1MB 大小的细菌基因组和酵母菌染色体[34]。不同于以往将现有片段的 DNA 拼接，合成技术赋予基因设计者对大片段中的每个碱基对都具有完全的操控能力。尽管如此，目前仍然存在显著的提升空间，大型 DNA 测序中心每天可测定超过 4 万亿 bp，而顶级工业化合成公司每天只能生产约 30 万 bp。

DNA 组装能力已落后于 DNA 读写能力。绝大部分有价值的功能要求大量基因合成，并对开启基因表达的数量、时间和地点进行复杂调控。合成生物学提供了应对这一挑战的部分工具，包括遗传回路、精度控件和计算机辅助设计，用以系统地重新编码多基因系统[35]。虽然合成全部基因组是可能的，但还远不能从头开始自下而上地编写基因组。根据目前的技术水平，只能采用多元自动化基因组工程（MAGE）[9] 和基因编辑（CRISPR/Cas9）[10] 等技术来自上而下地"编写"现有基因组，即在天然基因组的基础上引入增量变化[9,36]。类似地，基因组规模的设计工具已出现，可用于控制代谢途径（如 COBRA 和 Optknock）中的通量，但是这些输出只能对某个确定宿主体内酶的自上而下敲除的影响进行预测[37]。

基因组规模的工程可对自下而上装配成千上万个基因进行设计，将得到进一步发展。这需要计算工具结合来自系统生物学和物理学方法的模拟工具，以将某个理想特征转化到特定的 DNA 序列。为实现大型项目里面需要的不同细胞系统集成技术，需要设计新的范例[38]。需将建立合成调控（传感器和回路）的能力与代谢工程相结合，并将细胞功能（如分泌蛋白质）的控制能力与应激反应相结合[39]。随着合成系统变得越来越大，定量研究资源分布及其在细胞生长和工作时的负荷显得更为重要。因此，开发将合成系统与宿主自身背景生化过程相隔离的方法将越发重要[40]。

基因组规模的设计要求进行基因组规模的除错调试。目前无法通过"快照"技术来反映遗传设计的变化如何影响细胞内的所有过程。组学技术的进步使得表征细胞中的 mRNA、蛋白质和小分子成为可能。然而，这些工作均要求具备专业知识和专门工具，同时由于对失败设计也要开展同样体量的工作而导致成本过高。如果数据形式不标准，则难以整合转录组学、蛋白质组学和代谢组学的信息。此外很难将结果转换成可操作的设计变更以进行系统优化。

国家级综合基础设施可帮助加速向基因组规模设计的转变。菌株数据中心和测序中心对来自自然界的信息进行分析记录，并为数以亿计的天然酶和途径构建文库。多个国际前沿生物技术开放设施(International Open Facility Advancing Biotechnology，BioFAB)基于大规模工程设计和表征，提供高质量的基因元件，可为大型设计提供所需底物[41]。通过扩大基因设计的规模，并整合DNA制造和细胞分析，生命铸造厂可系统地完成产品的生产[38]。最后，计量研究机构(如美国国家标准与技术研究院)制定了表征基因元件、报告构建精度及软件集成组学数据的相关标准[42]。

## 传统化学合成难以获得的新型高价值化学品

有机合成是一个成熟的学科，其通过反应步骤的逻辑组合，几乎可构建任何目标分子。生物技术还不具备类似的能力，且通过生物技术生产的产品在某种程度上还仅限于由细胞自然产生的化学品。仅有少量酶已表征其化学空间相关的潜能，在酶的活性和特异性报道方面也缺乏相关标准。但是，我们正面临酶学研究的转折点，序列数据库已收录了数千万酶的序列，供DNA合成时使用。这将推动途径设计的创新，即通过多酶组合获得非天然目标分子，这一思路类似于有机化学的逻辑。

21世纪早期，即使想要获取单个酶也需要实验室之间通过DNA物质的物理交付来完成。DNA合成技术不断成熟使序列数据库中经预测具有理想功能的所有基因都可常规构建而得。此类"元件挖掘"一般涉及成百上千个酶类基因的构建，且在鉴定具有预期特性的变体方面已非常成功。通常，这将造成途径构建时来自不同生物体的多基因组合。

该挖掘方法将迅速从应用于单个酶类发展至整个途径[33a]。由10～150kb的基因簇编码的多酶细胞工厂可用于潜在高价值产品的生产。目前，许多天然化合物的生产还是基于利用野生生物体通过工业化生产过程所得。例如，可用于制成治疗癌症药物的雷帕霉素和用作生物杀虫剂的多杀霉素。虽然发现合成复杂天然产物的途径并不困难，但是能够实现这种合成的实验室很少，且这些途径通常产量较低、工业可行性差。不过，可以明确的是，在鉴定潜在产品方面仅仅处于开始阶段。近年开发的生物信息学算法使得计算基因组数据库中的基因簇成为可能，目前已在国家生物技术信息中心(National Center for Biotechnology Information)发现了40 000条基因簇，且宏基因组样品(包括人类微生物组)产生了成千上万的新基因簇[43]。据估算，新加坡科技研究局(the Agency for Sciences, Technology and Research of Singapore)的基因组数据库收藏了120 000株菌株，包含了数百万种新途径。为完全获取途径的终产物需要进一步降低合成成本，并采用合成生物技术来控制多基因系统及将功能活性转移至新生物体。

对整个酶家族的挖掘正在产生大量新的酶数据，包括酶活性和特异性信息。除描绘自然多样性以外，工程酶也已成功用于化学法难以实现的转化过程。例如，细胞色素 P450 应用于 C—C 键和 C—N 键形成的化学反应。酶工具箱的扩展将催生新的计算方法，通过输入所需化学结构就能预测并输出用于构建理想分子的酶组合，如生化网络整合计算探索器（Biochemical Network Integrated Computational Explorer，BNICE）[44] 和 ACT 本体，后者已用于构建 N-乙酰对氨基苯酚（泰勒诺）的合成途径 [45]。

## 细胞内并行计算

活细胞具有特异性，即能够通过基因调控系统发挥传感器的作用感知环境刺激，同时也发挥回路作用处理这些信息并提交细胞对此作出响应 [39,46]。截至目前，活细胞的这个特性仍未作为生物技术的一部分应用于化学生产，然而其潜在影响巨大，即使简单的操作也很有意义，如在发酵过程的不同阶段采用不同途径，利用反馈调节来防止有毒的中间产物积累 [47]。同时，复杂回路系统可为细胞设计提供新的方案。例如，可采用总体过程控制算法来优化原料供应，并控制代谢途径中的通量。可采用整合生物过程，即通过对事件顺序的预编程来降解生物质，并生成复杂化学品。总之，通过生物学路线可能产生复合材料，但这要求对基因表达进行精确定时和空间定位 [48]。

# 产业已经就绪

采用生物有机体将前体分子转化成目标分子终产物可追溯至人类历史早期，即通过发酵生产啤酒、奶酪和面包。Jokichi Takamine 一直致力于"制曲"工艺，在 1894 年获得了美国生物酶的专利，标志着生物过程开始迈入产业化阶段 [49]。现代工业生物技术起步较晚，通常将大规模发酵生产青霉素（又名盘尼西林）作为其起始阶段的标志。1928 年，Alexander Fleming 首先发现了这种抗生素，但直到第二次世界大战在寻找磺胺类药物替代物以治疗细菌感染的需求驱动下才开始进行大规模生产 [50]。1939 年抗生素的最初效价估计仅为 0.001g/L 的数量级，但到战争结束时，美国每年的青霉素产量足够约 100 000 位患者使用。青霉素并不是当时工业化发酵工艺的唯一产品。在 ABE 工艺（丙酮-丁醇-乙醇发酵工艺）过程中，丙酮丁醇梭杆菌可将糖类发酵成丙酮、丁醇和乙醇的混合物，这于 20 世纪早期首次发现，成为第一次世界大战期间丙酮的主要来源之一。第二次世界大战期间，ABE 工艺是丁醇的主要来源，且发酵法也仍是获得该产品的主要途径，直至 20 世纪

60 年代才出现了价格低廉的石油衍生产品。

值得注意的是，这些成就领先 DNA 结构的阐明约 10 年。由宿主生物体产生的天然产物，如青霉素、丙酮和丁醇等的状况使得经典诱变法的使用成为可能，该方法既不要求完全理解潜在的生化途径，又无需掌握途径相关酶编码基因的知识，即可提高生产率。过去 30 年内，发酵工艺主要用于几种附加产品的大规模工业生产，包括柠檬酸、维生素 B12、谷氨酸和赖氨酸。即使不具备丰富的遗传学知识，对途径调节的认识也有利于采用经典诱变法来选择经改造的菌株。例如，经观察，赖氨酸会抑制合成途径中的上游酶，因此，可选择赖氨酸类似物 $S$-2-氨乙基-半胱氨酸作为抑制剂，用以鉴定抗反馈突变体。此类方法通常被用于改良天然产物发酵，而利用生物技术进行化学品制造则仍限于少量分子。

1973 年，加利福尼亚大学旧金山分校的 Herbert Boyer 和斯坦福大学的 Stanley Cohen 及其同事合作发表了一篇文章，题为《体外构建具有生物学功能的细菌质粒》[51]。该文章描述了被认为是第一个基因工程实验的过程，标志着生物技术时代的来临。尽管生物学应用于小分子产业化生产已有数十年的历史，但在此突破之后，"生物技术"几乎与"生物制药"同义。此后不到 10 年，重组人胰岛素获得美国食品药品管理局（FDA）的批准，之后蛋白质药物开始大量生产。

为何生物药会使作为 DNA 重组技术的首要明显获益者的生物化学品黯然失色？终端产品的复杂性和编码产品催化的特殊反应可能是最好的解释。

从结构上讲，治疗用蛋白质比小分子更复杂，且它们的合成与选择的异源 DNA 表达直接相关。在合适的宿主体内简单地过表达单一基因也可以生产目标产物。

相反地，生物化学品是一系列酶促反应的结果，其中每种酶至少由一个基因编码。产物相关途径的复杂性带来了系统级的挑战，这要求更多地以系统为导向的解决方案。这种挑战及应对该挑战的学科第一次被 James E. Bailey 编入《通向代谢工程学的道路》一书中[52]。代谢工程旨在将重组 DNA 技术工具的优势用于系统和网络分析以应对构建更高效菌株时面临的挑战[53]。这些原则已成功应用于开发高效且多产的发酵工艺生产大量产品，如由大肠杆菌工程菌株生产 1,3-丙二醇（见下文）和赖氨酸，最大产率达 $8 g/(L \cdot h)$。

此外，与用于替代或补充已有商品（如乙醇）而大量生产的化学品不同，新型生物药是高度专业化的产品，无其他可能的经济可行的生产途径。图 2-2 表明，生物药和其他专业化产品（如工业酶）的毛利润要比大宗化学品更高。利用生物学和化学技术生产潜在产品解释了生物药成为第一批生物工业化产品之一的原因，当然经济因素也十分关键。

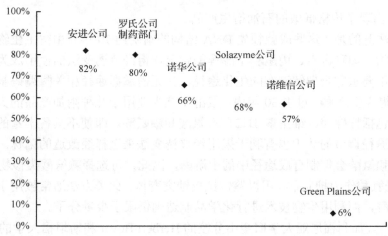

**图 2-2　几家生产生物药物、工业酶、高价值油类和乙醇的代表性公司的毛利润情况**

资料来源：安进公司（2014 年 2 月 24 日），浏览网址：http://www.sec.gov；Solazyme 公司（2014 年 3 月 14 日），浏览网址：http://www.sec.gov；诺华公司（2014 年），诺华公司年度报告（2014 年），浏览网址：http://www.novartis.com；罗氏控股公司（2014 年），罗氏财务评论（2014 年），浏览网址：http://www.roche.com（注：毛利润只针对罗氏控股公司的制药部门）；诺维信公司（2014 年），2014 年度报告，浏览网址：http://www.novozymes.com；Green Plains 有限公司（2014 年 2 月 10 日），浏览网址：http://www.sec.gov

　　当全细胞有机体的生物基化学生产取得进展时，生物技术工具也同样可应用于其他领域。最显著的例子是基因工程在农业领域的应用。转基因作物具有良好的特性，如产量高、杀虫剂使用量低、温室气体排放少等。此外，克隆和异源表达重组蛋白质的能力大大地促进了生物学在体外单步骤反应中的应用。经纯化的酶可用于生产大量产品，尤其是用于药物合成，但其进一步扩大应用有赖于先进的生物技术工具。蛋白质工程尤其是通过定向进化产生的酶突变体，对天然底物具有活性，同时还能合成大量小分子，尤其是手性分子，这对制药意义重大 [54]。在化学合成中使用生物催化不仅能够构建具有更高原子经济性的结构，还能够明显减少相关化学催化过程中的环境压力。例如，由默克公司与 Codexis 公司合作生产的西格列汀采用生物催化步骤替代化学过程，其消耗原料总量与分离得到的产物量之比从 37：1 降至 6：1 [55]。

　　促使公司采用生物技术生产生物基化学品的动力显著依赖于将要生产的产品本身。在理想的情形下，通过一系列产品的利润分析可确定与生产过程密切相关的经济动力。然而，大多数公司一般都不会放弃追求利润。在无特定利润的情况下，毛利润可根据上市公司的年度报表进行计算。对将产品生产限定在单一部门的 6 家公司进行毛利润分析，可总结出一些它们应对利润问题必须注意的事项。如**图 2-2** 所示，安进公司、罗氏公司（制药部门）和诺华公司具有 66%～82% 的相对较高的毛利润。这对制药厂商来说并不意外，因为通常他们开发的都是高价值、低产量的产品。相比而言，生物燃料厂商 Green Plains 公司专门经营日用化学品，其利润空间仅为 6%。这些企业实体均需考虑不同的经济因素，例如，追求较低的原料成本是利润率不高的生物燃料厂商的主要动力。图 2-2 所示的其他公司则对原料成本的关注程度相对较低。

目前，生物工业化的趋势越来越明显。其应用范围广泛覆盖了从传统领域如食品供应到新型市场如可再生能源的供应。在任何情况下，生物系统工程化规模的不断扩大势必会提高生物学的应用潜力。

# 典 型 案 例

## 青蒿素

疟疾是一个全球性的健康问题，威胁着 3 亿～5 亿人口，每年因疟疾死亡的人数超过 100 万[56]。由于多重耐药性的疟疾寄生虫恶性疟原虫(*Plasmodium falciparum*)的出现，世界卫生组织疾病控制工作受阻[57]。青蒿素是提取自黄花蒿(属菊科，通常称青蒿)的倍半萜内酯过氧化物，对对抗多重耐药疟原虫非常有效，但由于十分稀有，大部分疟疾患者都无力购买[58]。青蒿素的化学全合成较为困难且费用昂贵[59]，但通过大肠杆菌产生的青蒿酸(青蒿素的前体物质)半合成青蒿素，则是一种成本适中、环境友好、产物品质高的可行方法[60]。

半合成青蒿素的生产是综合应用代谢工程和合成生物学工业化生产药物的首个成功案例(图 2-3)。由于半合成青蒿素的作用与植物提取物的药效相同[61]，因此世界卫生组织目前已经批准将青蒿素衍生物(如青蒿琥酯)纳入青蒿素配方用于治疗[62]。尽管还不确定提供给疟疾流行区域的半合成青蒿素是否足量[63]，但半合成青蒿素依然是工业生物技术的重大成功案例。

## 生物燃料：走向商业化

要维持前述创新产品的长期利润，就需要实现大规模商业化。先进生物燃料必须比现有产品更具经济可行性，原料价格更低，且全过程产率和产量更高。许多生物燃料候选项都表现出令人满意的性能特征，但每种产品的潜在产量受到生产方式的理论产量的限制[64]，这种限制决定了产品由指定原料生产的最低价格。实现商业化要求将实验室规模的工艺过程的产率和产量提高到接近该过程的最大理论值(通常大于 85%)，并将反应器规模扩大到 600m³(由实验室发酵规模扩大 100 000 倍)。为满足经济目标采用催化剂工程来达到相应的产率和产量及在不降低性能的前提下放大这些过程是实现商业化的最大挑战，也体现在多种运输用先进生物燃料高昂的精炼成本。迄今为止，先进生物燃料领域仅少数有前景的技术已经达到商业化的后期阶段，主要生产丁醇和异丁醇等高级醇。其生产过程均为厌氧过程，可利用现有的乙醇生产设施，其产品既非天然又不属于与微生物发酵相关的改造途径[65]。虽然异戊二烯类化学品和脂肪酸衍生产品已获得大量投资，但是其商业化是否成功还不确定。有趣的是，随着上述技术的定义不断被细化，其在工业生产用宿主、过程和产品交易及原料选择方面的差异化更为明显。事实上，随着工艺走向商业化，宿主的选择也是一项至关重要的决定。

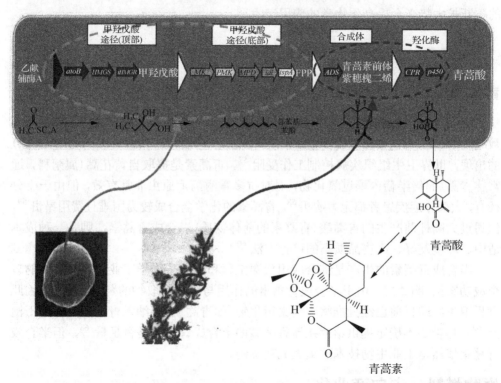

**图 2-3**　构建生产青蒿酸的大肠杆菌工程菌的整体策略：在大肠杆菌中表达酿酒酵母和黄花蒿的基因，以转化乙酰辅酶 A 和能量，还原成青蒿酸，随后通过化学反应转化成青蒿素
资料来源：Keasling J. 2012. 合成生物学及代谢工程工具的发展. *Metabolic Engineering*,14(3)：189-195

酵母由于具备细胞鲁棒性强、发酵背景知识完备、基因工具可用、对工业条件和溶剂耐受性好（丁醇耐受性>20g/L）、可以耐受较低 pH、对噬菌体易感性低等优点，成为备受欢迎的宿主之一[20]。酵母的主要缺点是不能消化五碳糖，如存在于木质纤维生物质中的木糖和果胶糖；酵母天生能生成乙醇，可能阻碍生产先进生物燃料的代谢工程效能；用于途径优化的合成生物学工具有限；与大肠杆菌相比，酵母降低了蛋白质表达水平，而这可能会限制生物燃料生产途径的通量。

目前酵母是生产以丁醇和类异戊二烯为基础的生物燃料的最佳微生物[66]。根据可信的公开信息，至少有三家大型企业采用只有细微差别的策略来寻求利用酵母生产高级醇的方法。Gevo 公司的策略是将异丁醇的生产与厌氧菌生长联系起来，并选择接近理论产量的菌株[65a]。再加上通过连续闪蒸去除发酵液中的异丁醇，这样就能够获得 90% 的理论产量，目前已建成商业化规模的工厂。Butamax 公司的策略是组合许多不同的生产丁醇的代谢途径[67]。Butalco 公司拥有可代谢五碳糖的菌株，计划利用内源基因来改善异丁醇的生产[68]。

利用脂肪酸代谢的技术正在寻求多种宿主。利用大肠杆菌生产脂肪酸衍生化合物，如脂肪酸甲酯、脂肪醇、烷类和烯烃，这些均可以直接通过单步发酵碳水化合物获得。大肠杆菌被认为是此项实践的最佳选择，因为大肠杆菌有极高的脂肪酸生物合成率[达到每克干细胞重量 $3g/(L \cdot h)$，基于 1h 和细胞质中 9.7% 的液体含量]；具有消耗五碳糖和六碳糖生成此类产品的天然能力；在通过代谢改造商业化生产小分子方面有大量的工业先例（如 1,3-丙二醇、赖氨酸、苯基丙氨酸等）；其基因组易操作。但大肠杆菌的应用也受限于其中性 pH 的最佳生存环境及对噬菌体的易感性。此外，蓝细菌也是常用的微生物，只是作为生物反应器将 $CO_2$ 转化生成上述化合物。三酰甘油（TAG）即生物柴油和可再生柴油（加氢脱氧的三酰甘油）的前体物[69]，其生产技术多采用油质藻类。油质藻类是一种公认安全（generally recognized as safe, GRAS）的微生物，本身就能作为生物反应器以异养发酵过程在细胞内部大量生产藻油[70]。但直到上述任一有前景的技术实现以相对更有竞争力的价格开始生产燃料之后，才能评判其是否可以有效推广。

# 1, 4-丁二醇（BDO）

Genomatica 公司在圣地亚哥成立，至今已有 15 年历史。该公司关注化学品的生物制造，其早期的关注点是聚合物中间体——用作塑料和纤维原料的特定单体。Genomatica[71] 公司面临与其他进军该领域的企业同样的挑战。在一个成熟的行业引入一项前所未有的技术非常困难，因此有必要在一开始就有一个经充分验证的价值取向，慎重选择目标产品。过程的经济性也是一项挑战。原料成本和原料选择的灵活性也十分重要。传统糖类价格波动较大，仅在美国、巴西、印度和泰国具有可行性。燃料和食品都需使用糖类也是必须关注的一个问题。在这个阶段，基于生物质的糖类要尽量满足生产聚合物中间体所需的成本和质量要求。单碳原料相当受欢迎，但目前面临工程生产菌株和生产技术工艺的主要挑战。

作为一家初创企业，Genomatica 公司面临在既定时间（5～8 年）内完成产品上市的巨大挑战。较长的开发周期是新产品平台开发成本较高的一个原因，大约为 1 亿美元。因此，Genomatica 公司不得不关注开发周期较短、成本较低的未来产品平台。大部分公司都无法独立满足产品开发中的诸多要素，Genomatica 公司依靠重要的合伙关系网络来推广其最初的产品。合伙伙伴在原料供应、规模扩大、过程工程、商业化规模生产和市场运作等方面都提供了帮助。

2008 年，Genomatica 公司公布了其生产 1,4-丁二醇(1,4-BDO)的新型生物过程工艺及用于生产聚对苯二甲酸丁二醇酯［poly (butylene terephthalate), PBT］和聚醚的重要单体。石化基丙二醇(petrochemical-based BDO, PDO)是大宗化学品，大规模生产且资产折旧严重。估计目前石化基丙二醇的全球产量大于 106t/年。在已有的竞争性基础上，生物过程的经济性是首要考虑因素。

截至 2012 年，该生物过程已经完成了商业化规模的示范；同时在 2012 年和 2013 年，Novamont 公司和巴斯夫公司分别获得了 Genomatica 公司 GENO BDO™ 技术的许可。两家公司均已开始抽样访问客户，对建设商业规模的可再生 BDO 生产设施展开了沟通。

Genomatica 公司在大肠杆菌工业菌株中构建了 BDO 途径[72]。利用通过糖酵解和三羧酸循环的糖代谢途径，Genomatica 公司的研发人员将琥珀酰辅酶 A 转化为 4-羟基丁酸盐，最终获得 BDO 的必要基因并导入工业菌株。完成了基础代谢途径的构建后，公司进一步调整途径以提高生产水平和产率，通过消除竞争途径产生的代谢产物来增加产量，这一过程对于化学品的生物路线合成非常重要，这些改良对形成具有市场竞争力的生物过程的经济性十分关键。

完成生产宿主的开发之后，还需要进行包括发酵和多步分离纯化过程在内的一系列过程，以生产能够用于聚合反应的 BDO。

## 工业酶

工业酶行业在 20 世纪 60 年代迅速扩张。大部分早期产品都是采用野生型细菌或真菌宿主通过发酵过程来进行生产的。这些宿主如今在行业中依然占据着主导地位。

自 20 世纪 70 年代开始，重组 DNA 技术结合蛋白质工程的运用对该行业产生了深远的影响，生产出了更高效的酶，减少了酶的生产成本，引导了市场的发展和应用的成熟。深罐式分批补料好氧发酵的发展改善了效率，降低了成本，代替了早期在半固体介质上培养微生物的制曲工艺。

当前，全球的工业酶市场已超过 50 亿美元[73]，各类酶已经广泛用于多个行业，包括用于食品添加的高果糖玉米糖浆和柠檬酸、乙醇燃料、牛仔裤水洗酶和高效清洁用酶(框 2-2)。

---

**框 2-2**

**冷水蛋白酶**

美国人每日的洗衣量达到了 1.23 亿件。大多数人都会选择设置温水或者热水档洗衣以确认清除污渍。如今新型冷水蛋白酶作为洗衣新选择，不仅能够降低成本，还能够保护环境。

在过去的几十年中都采用酶来提高洗涤剂的清洁效率。洗涤用酶占工业酶的 30%左右，是生物工业最成功的应用之一。蛋白酶是洗涤剂中最广泛使用的酶，能够帮助清除蛋白质污物和污渍。枯草杆菌蛋白酶是洗涤剂中广泛应用的细菌碱性丝氨酸蛋白酶的原型，其在较高表面活性剂的碱性清洗过程中不太稳定，活性也不太强。

最近，新的蛋白质工程技术可用于新型蛋白酶的定制，使其能够顺应冷水洗涤的趋势并确保洗涤效果不受影响。这项突破采用了人工合成基因，并用大规模平行预测对酶的关键性能进行筛选，如酶的活性和稳定性等。同时，通过对理化特性及结构限制的计算和建模来进行酶的设计与高通量筛选。

新型蛋白酶在低于 20℃的水中也有洗涤能力。在酶的活性部位附近发生的突变能扩大酶的蛋白质底物特异性的范围，且迅速分解蛋白质底物。其他突变可以增加结构性钙配体的亲和力，使酶在不良的洗涤环境中具有稳定性。新型酶对多种蛋白质成分都有超强的分解能力，如血渍、草渍和奶渍等。

美国居民洗衣的能耗也非常巨大，每年达 54 000GW·h，相应的 $CO_2$ 排放达到 4000 亿 t。大约 80%的能量都用于洗涤用水的加热。广泛采用冷水洗涤每年可以节约多达 45 000GW·h 的能量，相应减少的 $CO_2$ 排放量相当于 600 多万辆汽车的排放。

---

# 监 管 框 架

工业生物技术的发展需要一个既能实现重要经济价值又能平衡关键社会目标的监管框架[i]。监管涉及部署各种治理工具以规范产业行为，包括对行业人员的教

---

i. 监管框架指工业生物技术的监管流程，包括行业规范、政府条例和贸易协会约定等。美国政府条例的更加详细的背景可以参考附录 C 及参考文献：Carter S. R., Rodemeyer M., Garfinkel M.S., and Friedman R.M. Synthetic Biology and the U.S. Biotechnology Regulatory System: Challenges and Options, J. Craig Venter Institute: Rockville, MD, 2014

育及通过制定行业标准与认证、制定政府标准和条例、公众参与和公众监督、侵权责任机制、制定安全标准和控制办法等其他机制来实现行业自治。生物工业化监管的关键目标是确保安全性(识别并减轻风险)和可持续性。为了确保工业生物技术发展实现最广泛的利益，必须做到对环境影响小、坚持采用生物原料，并依照对人、动物和环境的较高安全标准实行。

监管框架还必须达到公众信任度等目标。为了使该行业获得信任，行业人员应该坚持较高的安全和环境标准，公众或政府代表必须有信息渠道来获知行业对这些标准坚持遵守的情况。

为了使监管框架的法律效力获得公众和行业的认同，其必须公正、透明、高效且包容各类观点。上述理念之间有时会发生冲突，因此所有监管系统之间或内部必须能够相互平衡。例如，高效性可能会因公众参与(包容各类观点)和公正流程需求而无法保证。监管理念也可能以协同方式相互影响。例如，确保透明能够推动公众参与和公民监督。透明是指允许公众了解关于行业活动、拟颁布的法规及行业外部人员要求得到反馈的其他相关事项的信息。为了使监管框架在经济价值和社会目标之间达到合理的平衡，必须对框架进行仔细的设计。除此之外，监管应或多或少具备一定的适应性，当技术随着社会、政治和环境背景发生变化时应当作出明确的适应和调整。不过，具有适应性的监管也会面临信息方面的问题，因此必须有人负责收集监管过程的作用和技术及周围环境情况变化的相关数据，以便决策者能够知道如何及何时作出调整。

制定法律规范是监管的必要手段，是政府通过制定标准并强制性实施来代表并平衡各方利益，从而规范行业行为的一种机制。法规可以是非常正式的，按照所谓的命令与控制模式制定，也可以是非常灵活的，如以市场为基础的框架(如碳交易)、经协商得到的特定项目许可、多方合作计划及其他可供选择的改进办法。

目前批准和控制在生物过程中使用生物体的监管框架较为复杂，并仍在不断完善。生物法生产的化学品可以由美国环境保护署(EPA)根据《有毒物质控制法》(TSCA)或者《联邦杀虫剂、杀菌剂和灭鼠剂法令》(FIFRA)来监管；美国农业部动植物卫生检验局(USDA-APHIS)根据《植物保护法》来监管；美国食品药品管理局(FDA)根据《联邦食品、药物和化妆品法》来监管。适用的美国法规制度取决于产品的用途，而不是制作方法。美国职业安全与健康管理局(OSHA)的通用规定还涉及在应用生物技术行业的工作人员的健康和安全。OSHA没有专门针对工程化生物体的法规，但明确要求企业打造一个没有严重的公认危害物的工作场所，并规定了使用危险化学品的原则和预防措施。法规制度内容的重叠及制度在用于复杂的工程生物体的操作难度上可能阻碍技术投资、新产品或更高效的生产过程的发展(框2-3)。

---

**框 2-3**

**生物安全设计的考虑事项**

　　美国卫生和公众服务部(HHS)提出了双链 DNA 提供者的筛选框架指南。国际基因合成联盟(IGSC)的协调筛选方案实施了指南内容，该方案涉及基因序列和用户筛选方式，以促进生物安全。生物安全和生物安保基因序列筛选方法可顺利并入整合设计工具链中。尽管 IGSC 方案无法使公司识别和预测当多个组分在生物体或生物过程中聚集时出现的生物安全及生物安保问题与特性，但可以识别和预测单个组分的情况。还有一个类似问题是出于法律和执法的目的开发分配或分析设计属性的算法。同时，解决紧急生物安全和生物安保问题的方法及工具，包括识别所设计的生物体的代谢依赖性和物理防护特性，也应该包含在整合设计工具链中。此外，用于鉴定原料、中间体和产物(来自材料安全数据清单或其他信息源)危险化学性质的方法与工具对于整个生物过程的生物安全性评估十分重要。

---

　　1986 年，美国制定了"生物技术监管的协调框架"，这是一项协调各机构对生物技术产品和研究的监管活动的正式政策。当监管涉及多个机构部门时，该政策规定其中一个机构将牵头加强和协调监管审查。该政策为发生不确定事件时调解各家单位重叠权限提供了良好的依据。不过，尽管工业生物受多个法定机构监管，现有法律制度可能仍无法充分解决一些可预见的风险。EPA 和 USDA-APHIS 都不监管生产过程，但是都关注产品生命周期中"上市前"阶段的生物技术具体规定[ii]。因此，不清楚这些机构是否有足够的权利或专业知识来确保一旦制造商从事合法的商业化生物法化学品生产时，其商业制造设施内将会采用适当的防护和处理程序。也不明确哪个机构有权制裁因不当处理宿主微生物、废弃生物质或副产物而对公众健康或环境造成威胁的公司。

　　当设计和测试工业微生物的研究由商业私有公司资助并开展时，是否有机构有充分的权力监督工人、环境或公共安全尚不清楚。使用工程化微生物需要采取与风险等级相对应的预防措施。制造设施的设计应该包括合理的生物防护措施，公司应该在其标准实践中考虑到生物安全因素。长期以来，通过普通化学方法合成生产化学品的生产设施已形成安全管理办法与安全过程，其目标与实践也会逐渐适应生物过程的发展。目前采用路线商业化规模生产化学品还没有统一的联邦标准；也尚未形成能与《美国国立卫生研究院(NIH)指南》同样有效的行业指南。

---

　　ii. 美国《资源保护和恢复法》(RCRA)允许可以排放流体废物，但是美国环境保护署在该法案实施说明中提出了两类符合规定的流体废物，即"清单所列流体废物"和"特有流体废物"，每一种都附有详细的化学成分清单及其规定浓度。可参见 40 CFR §261

类似地，美国疾病控制和预防中心和 NIH 创建了《微生物和生物医学实验室生物安全手册》（BMBL），作为对 NIH 指南的补充和扩展。如今该手册已更新至第五版，BMBL 提出的风险评估和危险生物材料防护原则已成为生物安全的实践规范。不过，尚没有一个机构对私人资助的研究和产品开发规定相应预防措施或强制采取 BMBL 原则及其他类似原则。

"在当代民主国家……公众在决定科学资助、应用和监管方面发挥核心作用"[74]。生物工业化的监管机制应该增加公众与监管机构和行业接触的机会，以便于体现相关体制的信任度、透明度和参与度，有助于确保科学服务于更广大的公共利益。这种参与让公众能够了解技术和监管机制，是监管过程的必要环节。公众参与方式很多，最佳的做法也随着特定的社会背景、技术和适用的监管体制的变化而变化。本报告没有推荐公众参与的具体方式，仅强调了公众参与的重要性。

另一组影响生物工业发展步伐方向的社会因素是寻找开放创新和信息共享之间的平衡点，以及开放创新和专门产品开发之间的平衡点。在合成生物学领域中，已经有大量探讨该领域发展过程中的开放和专门研究的论述，本报告对此不再详细展开。本报告仅关注两个重点：第一，"开放科学"并不要求将结果置于公共区域，尽管这也是一种方法。可以通过授予知识产权或其他方式来保护新发明或产品的广泛获取性，从而推动科学共享。第二，专利通常被认为是专有和私有资产驱动创新方式的一个组成部分。迄今为止，专利在吸引和保护生物技术与化工行业投资方面扮演着重要角色，但是专利法最近有所修改，限制了某些生物技术发明和过程中申请专利的机会。委员会没有尝试预测最近的法律变更对本报告的主体——复杂工程微生物和应用这些微生物的工业生产过程申请专利所造成的影响程度。专利保护仍适用于生物工业中部分重要产品和过程，近期的法律变更可能会影响专利的数量和性质，这反过来也可能会影响企业组织和合作的方式。为了推动生物工业化，合成生物学及相关领域的科研人员与工业科学家需要在开放和专门的创新方法之间找到可接受的平衡点。

与平衡开放和专门科学相关的是越来越普遍的数据共享。在其他学科领域(如生物医药)中，在竞争前阶段共享翔实的数据对从学术界到产业界的广泛利益相关者有利。诸多公共科学投资人和美国政府正在鼓励或强制推行这种共享[75]，这些共享要求研究人员提供的数据类型超出通常在出版物中常见的摘要性、整合性和深度分析过的数据范围。工业生物技术利益相关者也可以通过适当的数据共享来识别该领域的发展机会。

# 3 未来愿景：能够制造哪些新的化学品？

迄今为止，大多数成功的商业产品都是精心挑选出来通过生物合成方法生产的。正如前面的章节所述，化学品制造还有相当大的发展空间。本章提出的未来愿景是指利用生物合成和生物工程开展化学品制造的水平与利用化学合成和化学工程的生产水平相当。

本报告中提到的建议和路线图目标均是以这一总体愿景为背景来构想的，并在设计时考虑到，为了实现生物工业化，必须同等对待生物路线和化学路线。这并不是说生物路线和化学路线可以相互代替使用，而是指在开发合成路线的时候，应当用同样的方式考虑和选用化学反应与生物路线过程。

确定是否应该在相同的基础上设置生物路线和化学路线，理解可生产化学品的潜在多样性对生物工业化至关重要。本章主要内容是回答这些问题的。

## 能够制造哪些化学品？

生物工业化不仅为新的产品和过程工艺，还为开放新的化学空间以便发现功能分子(如药物、材料、燃料等)提供了光明前景。正如第 4 章所述，以酶或细胞为基础的合成方法能够提供化合物，涉及具有超越先前合成法的经济或环境优势的方法制备的直接替代物，及相对于其化学前体具有改良的功能或性能的新结构物。从该范围中任一端为目标出发来发展均受到多个技术和经济因素的影响(**图 3-1**)。美国能源部(**DOE**)研究报告《从生物质到高附加值化学品》详细讨论了化学品生物生产的潜在目标[76]。

采用生物方法获得日用化学品和精细化学品，应该充分利用生命系统独有特性的优势。针对日用化学品，其目标产物需要为初始碳源(如葡萄糖或者纤维素)增加经济价值，包括先前就有的大宗化学品和可以通过简单的化学过程转化成预期产品的生物源前体或新结构物。这些产物类型可以依靠细胞的以下几项能力实现经济和环境利益，包括利用生物质来源碳源、在水相中生长和在单个反应器中实现底物多步骤转化成产品。专用或精细化学品由于具有更高附加值，其在制造方法和成本方面的指标更加灵活。的确，对于许多复杂的天然产物来说，可能没有现成的化学方法来进行商业制造。针对这种情况，生物路线就为目标产物或半合成中间体提供了一个新途径。除了多步骤细胞转化之外，基于单个酶的转化在该领域同样重要，这是因为使用酶催化的区域选择性和立体选择性会极大地简化化学过程。

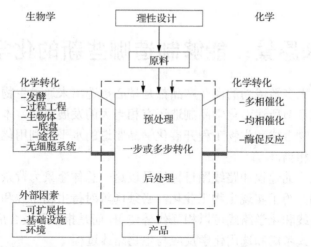

**图 3-1**　化学品制造流程图，展示了报告中化学品制造过程的概念模式，强调了能促使化学转化发生的生物技术和化学技术

　　当与更加成熟的化学合成领域相结合时，与化学合成相关的生物技术持续发展促使新路线的发现，使我们有了混合正交结构空间的机会。在这方面，生物系统可用于大量化合物的生产，且已表明其通常比通过化学合成方法生成的化合物结构重叠较少(**图 3-2**)。大部分结构分歧都是因构建单元(building block)的可用性和组装方式不同而自然出现的。总而言之，化学合成的化合物最终源于石化资源，由化学试剂的选择性控制，但是可以利用元素成分、官能团和反应空间的变化提供更广的涵盖范围。相比较而言，大部分生物代谢途径在其组装中具有相同的生物合成逻辑，但可以利用酶的选择性来生产高度复杂的结构物。因此，开发生物与化学合成相结合的方法可以扩展用于筛选新化合物功能特性的可用结构空间。

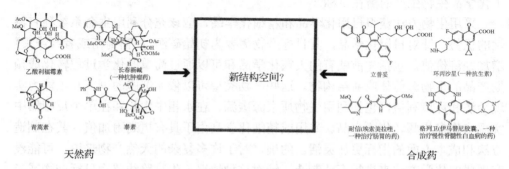

**图 3-2**　生物系统和化学合成方法生产的结构重叠较少的复合物，其中一部分已被确定为化学品制造的目标产物

## 天然产物

天然产物及其衍生物对于发现新型生物活性化合物来说是重要的资源。它们不仅是新化学实体的重要组成部分，还在识别药物靶点和途径以开发合成化合物的过程中发挥着重要作用[77]。它们成功作为药物试剂可能是因为其具有朝着结合大分子生物靶标结构的优化方向进化的本性；这要求它们具有高度的结构复杂性，这一点通常难以被化学合成复制。因此，据估计，天然产物结合细胞靶标的可能性比合成化合物大几个数量级。然而，使用天然产物作为先导化合物具有相当的挑战性，因为天然产物很难合成并进行结构优化以适应药代动力学行为。因此，天然产物在药物发现路径方面往往无法被充分利用，而生物技术中许多不同前沿方向的发展可以极大地改变这一状况。

### 从基因到产物

普遍认为天然产物具有巨大的结构多样性。正如前文所述，这些多样的结构通常超越了目前可化学合成的化合物库的结构类型，因而与化学合成结构相比，增加了天然产物结合大分子靶标的能力。因此，挖掘新型天然产物结构及其药效基团对扩大天然药物的使用空间十分重要。然而，实现这一目标有如下几个困难：大部分天然产物在其原始宿主中的产量都极低。大部分编码天然产物的基因沉默，即没有可检测的表型。在实验室条件下，许多环境分离菌难以培养。因此，从基因序列到产物的新方法探索很重要，可以通过在模式宿主中表达多组基因来合成相关产物和使用快速驯化宿主提高产量的方法来实现。

### 天然产物类似物

天然产物结构的复杂性有利于其作为先导化合物使用，但由于先导化合物需要针对合适的效价、交叉反应性和药代动力学行为进行优化，从而使天然产物结构的复杂性变成不利因素。半合成方法或者对天然产物或生物合成中间体的直接化学修饰因天然产物官能团密度和在苛刻化学反应条件下的不稳定性而使其获得天然产物一系列结构转化的能力受限。因此，酶促或生物合成修饰能够为天然产物结构多样化提供一种新途径，以便调整其药物性能。从这方面来讲，定制酶的鉴定和表征非常有用。这些定制酶可以氧化、交联或者将新基团连接到核心结构物上。除此之外，向生物合成装置送入各种不同的构建单元的方法可以在核心结构处产生所需要的变化。通过在下游酶反应或化学反应中引入正交化学品（如卤素）或新的接合位置（如胺类），操纵核心结构和定制方面的进展将进一步帮助多样性的创造。

### 挖掘新的结构多样化

除了探索具有已知基因特征的天然产物类别，如聚酮化合物、非核糖体肽和异戊二烯类化合物，还有许多结构核心未被鉴定或进行基因注释，其中包括结构不同的富氮化合物，如生物碱类。生物碱类对于增加化合物种类十分有必要，因为表征较完整的天然产物类别往往富含氧（如聚酮化合物和类异戊二烯）。无论核糖体还是非核糖体编码的修饰肽都代表了需进一步表征的有趣家族。基因预测、染色体修饰、宿主驯化和小分子分析方面的进步都对其有所帮助。

## 复杂分子

由于合成化学与生物学之间的协同作用可以显著加快复杂分子的发现过程，因此为了发现复杂分子，需要进一步扩大这两个领域之间相对较新的接合面。例如，微生物发酵可以生成先前未开发的单体用于聚合物生产；但其所得聚合材料的合成及表征对于属性或功能鉴定同等重要。反之，在复杂目标产物的生产过程中，对合成瓶颈的分析使我们可以重点关注具有最大潜力促进药物研究和生产的工程特异性酶家族。该领域的研究方向包括但不限于工程用酶或途径用于复杂构建单元的生物生产、合成构建单元的立体选择性和区域选择性转变、涉及要素或功能基团的反应，以及催化新型碳-碳键形成的反应。此外，结合生物及合成反应空间分析不同混合制备途径效率的计算工具十分有必要，可以此识别进一步开发的特定路径。

### 生产复杂构建单元的相关工程

具有高密度立体中心或功能基团的构建单元通常源自于生物原料，其中包括如类异戊二烯、糖类和其他代谢物等。这些构建单元通常被用作合成原料，并有可能对终端产品的价格和实用性造成影响。前文提供了青蒿素的生产实例，表明青蒿素是通过微生物生成的半合成中间产物制得的。在这种情况下，中间产物和目标化合物均为天然产物，合成化学用于扩大生物学上难以进行的反应规模，最终开辟了低价抗疟药生产的新路径。

该领域另一类型的进步体现在商业合成药物奥司他韦（特敏福）上。这是一种抗病毒合成药，采用莽草酸制成，用于治疗禽流感。莽草酸是一种由微生物和植物合成的中间体，产量极低，由此限制了特敏福的增产。因此，利用大肠杆菌工程菌株可生产更多的莽草酸，进而增加特敏福的产量[78]。与青蒿素相比，特敏福本身不是一种天然产物，它只是利用生物代谢产物中现有的立体中心，降低了目标化合物的成本。若是没有利用莽草酸固有的立体化学属性，则特敏福的合成可能需要多个步骤，从而导致其价格上涨，而且药效降低。

除了传统的天然产物外，生物系统也能独特地生产其他具有区域选择性和立体选择性挑战的结构。以多糖为例，它是生物活性剂的重要改性剂。化学合成多糖需要多个、烦琐的保护和脱保护程序，以实现区域选择性组合，但也可以通过糖基转移酶替代无需保护的亲本糖而潜在地合并步骤。

选取上述途径并采用计算分析或软件辅助分析以确定重叠点，而非依赖于人的洞察能力可大大加速类似项目的进展。由此延伸来看，各种合成途径的大规模分析也可以帮助确定由生物系统产生的有用构建单元的分子类型或者替代模式。

### 合成构建单元的立体选择性和区域选择性转化的相关工程

酶在选择性转化中表现突出，在化学试剂难以优化特定反应时，酶可作为实现合成中间产物的单独转化的试剂。在很多情况下，利用酶步骤可简化合成途径，其可利用多个附加步骤，以避免不对称催化中特别具有挑战性的问题。在这种情况下，酶家族如酮还原酶、酯酶、肽酶和转氨酶已经在上述应用中得到了很好的发展[79]。此外，西他列汀(默克公司糖尿病治疗药 Januvia 的主要成分)的研究也取得了重要进展，通过引入转氨酶催化步骤实现酶工程与化学合成的结合，进而减少了制备步骤[80]。仅限于所选用的已知天然适应宽范围底物的那组酶家族相应地限制了针对本方法的转化范围。因此，新的目标酶家族的鉴定和转化的实施可以显著推进该领域的进步。

### 关键功能基团的催化及形成新型碳-碳化学键的催化

与化学反应相比，细胞通常利用一组较小规模的功能基团及较单一的碳-碳成键反应，因为酶可以借助底物和产物选择性，在多种可能性中形成正确的化学键。相比之下，合成催化剂往往利用了功能基团的正交性和/或保护基团来实现选择性成键。因此，在一个有趣的开发领域中，可使用酶来引入稀有元素或合成功能基团以实现目标功能或者作为下游化学催化的合成基础。此外，也可以进化新的酶类以便从合成的构建单元入手催化碳-碳键偶联反应。在可用官能团的实例中，氟可调节生物活性、药代动力学属性[81]及正交合成物，如其他卤化物(X=Cl, Br, I)、腈类、硼酸/酯类或者用于交叉偶联反应的炔烃，包括 Heck 反应、Stille 反应、根岸偶联反应、铃木反应、薗头耦合反应和 Buchwald-Hartwig 偶联反应等产生的炔烃。改造细胞色素 P450 以引入碳元素或者氮元素(而非氧元素)，进而形成环丙烷环或者氮丙啶环的相关工程是合成激发新的反应化学开发的一个实例[82]。此外，对生物多样性的探索加快了用于合成应用的新酶家族的发现，如催化 Pictet-Spengler 反应[83]或者 Diels-Alder 反应[84]的酶家族。

## 聚合物

聚合物是由重复单体单元构成的有机高分子，由于其可调的功能和结构特性而受到关注。事实上，聚合物已广泛应用于从塑料、橡胶、纤维、油漆到药物控释系统和电子显示器等不同领域。它可以由生物原料制得，如天然橡胶、丝绸和纤维；也可以由合成原料制得，如聚乙烯、聚苯乙烯、尼龙、硅酮和聚氯乙烯。聚合物的属性受多种变量的控制，包括单体结构、单体间的键合方式、立构规整度、平均分子量、多分散性和均聚物的支化属性。共聚物由两种及以上的单体类型构成，其受控制的变量范围更广，如单体排列(周期性、统计性或随机性)及共模块特性。这种结构特性会影响链内和链间的微观结构，这些微观结构反过来又控制对功能十分重要的材料属性，如熔融温度、结晶度、玻璃化温度、拉伸强度和弹性、传输性能和电子响应性能。

尽管人们已经充分研究了化学属性与材料属性之间的关系，但考虑到可获得的聚合物的范围较广，从新的聚合物入手展开预测时仍然具有一定的挑战性。在这种情况下，大多数聚合物由来自于现成的石油化工原料制成的构建单元构成。然而，生命系统提供了大量可以用作单体的双官能团化合物，其中绝大部分还没有用于聚合物合成。本节介绍了现有单体、新型单体和聚合物的代谢工程应用。

### 现有单体

方法之一是由微生物发酵制得相同结构的单体直接替换石化原料制得的现有单体。这种方法的主要优势是，直接替代产品在当前市场中的需求十分明确。但是这种方法也存在两大挑战：①考虑到现有产品的低成本及应用新工艺的工厂建设相关的资本投资，发酵单体的价格很难与现有产品相竞争；②由于石化基单体的使用率较高，很难被大规模替换。当前市场上微生物来源的单体很多，本报告以乙烯("生物乙烯")为例。乙烯也是目前消耗量最多的单体之一(其年消耗量约为 1.4 亿 t)，这是因为几乎过半的塑料制品都是均聚物(如高密度和低密度的聚乙烯)和共聚物(如聚苯乙烯、聚氯乙烯和聚对苯二甲酸乙二醇酯)[85]。生物乙烯是通过微生物发酵糖到乙醇再化学脱水制得，通常会大规模生产(2013 年共生产约 20 万 t 的生物乙烯)[85]。为了进行比较，假设微生物发酵制得的作为运输燃料的所有乙醇都转化为生物乙烯，这一数量可能接近目前每年乙烯作为原料需求量的 25%[85]。虽然生物乙烯也可以与石化乙烯相仿的成本制造，但其价格主要取决于目前价格波动极大的糖原料的成本。处于开发过程中的单体实例还包括丁二烯(Genomatica 公司通过 1,4-丁二醇脱水制得)[86]、丙烯酸(美国嘉吉公司与 OPX 生物技术公司通过 3-羟基丙酸脱水制得；Myriant 公司以乳酸盐为原料制得)[87]、异戊二烯(杜邦和固特异制得)。这三种单体都面向大型市场，而其他目标市场可以通过检查化学品市场加以确定，并且可根据生物合成的复杂性及聚合物产品的范围来确定其优先顺序，这是因为小众市场较容易转向生物单体。

### 新型单体

方法之二是开发新型单体，生成新型聚合物。这些新单体市场的特征难以简单概括，但可以肯定它们不需要与成熟工艺制成的现有产品展开竞争。这种方法使得高分子化学家可以探索更广阔的化学空间，改善聚合物材料的性能或开发全新的功能。一般来说，大部分商业化聚合物是从易于获取的石化原料中开发出来的，并且通过控制上文所述的各种参数针对其所需应用特性进行优化。因此，新型单体与现有单体原料属于同一化学类别，但采用不同替代方式的化合物，聚合过程相同，但可为均聚物和共聚物赋予改性特征。

以杜邦公司的生物基产品 Bio-PDO® 为例，在其出现之前，1,3-丙二醇(PDO)被视为特殊单体，其化学类别仍然属于由结构上类似但更易获取的二醇以生产已知聚合物产品，如乙二醇或丙二醇。利用新型微生物过程生产 PDO 可增加单体产量，推进新聚合物产品的开发。目前，这种新产品已经占据了较大的市场份额。

强调化学与生物学之间的相互作用的另一个例子是聚乳酸(PLA)。聚乳酸由美国 NatureWorks 公司开发的生物源乳酸单体制成[88]。类似的聚酯，如聚羟基脂肪酸酯(PHA)是利用固碳微生物由各种 3-羟基酸生成，可被生物降解[89]。因此，围绕开发用于 PLA 和 PHA 的工业化生产的基于植物或微生物的过程已开展了大量研发工作。具有生物来源和生物可降解特性的聚酯有非常广泛的应用前景。相关的基础生物学知识涉及对许多重要参数的调节，包括链长和多分散性，因此相当复杂且目前我们对其中的机制认识还很缺乏。因此，与采用成熟的化学过程制成的合成聚酯相比，经生物工程制得的 PHA 的聚合物属性往往很难调节。乳酸盐(或 3-羟基酸)通常不是 PHA 生物合成的生理单体，而美国 NatureWorks 公司开发了基于乳酸盐化学聚合的替代工艺。通过这种方式，整个过程可依赖于单体的稳定发酵过程，因为已知大部分生物体以接近定量的产率把葡萄糖发酵成乳酸盐，以及对化学聚合成 PLA 的良好表征使得材料属性可控且同时保持聚合物的生物降解性。

采用这种方法，已有许多双官能团小分子代谢物被列入已知单体或者单体前体类别，这些单体或单体前体可以在下游化学步骤(如脱水、氧化和还原)中加工。例如，羧酸、酯、酮、醛、胺、醇、烯烃和环氧化物官能团的不同组合可以直接结合到聚合物中，如聚酯、聚酰胺、尼龙、聚烯烃、合成橡胶、聚醚和其他等。单体结构的细微变化，如立体化学、取代模式或官能团间距的变化等，可能会显著影响聚合物的性能，因此可以研究单体在均聚物和共聚物中的表现。某些聚合物的生物合成可通过直接改造现有途径实现，或通过多样化的工程途径实现结构多样化。

### 聚合酶

在开发高性能聚合物时的一个有趣之处在于利用聚合酶复制和工程化单体的装配过程，以调控采用化学催化剂难以控制的重要特征，如序列、立构规整度、合成尺寸或支化度。虽然还不能充分理解出于工程目的如何利用酶对某些性能作出选择性过滤，但其精确调节这些属性的能力可用于改变聚合物可实现性能的范围。

蛋白质聚合物提供了关于如何准确控制序列和链长以赋予材料重要属性方面的关键实例。关于多肽基材料的实例很多，如丝绸、羊毛和胶原。它们往往可以通过核糖体遗传编码和合成。利用 20 种氨基酸蛋白质或者其他物质，可以检查所得聚酰胺大量的结构和功能空间的充分性。目前，对具有独特性能的肽基材料及其自组装材料已开展大量研究 [90]。除侧链多样性以外，也可以通过改变 α 碳原子周围可互换的 L 型和 D 型立体化学结构，或通过由不同结构体的翻译后附着从侧链官能团支化，来检查诸如立构规整度等特性。另一个研究领域是使用由核糖体提供的模板来制备不同类型的聚合物(如聚酯)[91]。通过这一方法实现工业化生产的最大挑战是开发出目标多肽物工程化输出的稳健方法，以便其同样适用于产物为单一聚合物或纤维时的情况。

除了遗传模板化的大分子如多肽外，聚合酶也可以催化烷烃(脂肪酸合成酶)、基于聚酮的结构(聚酮合成酶)、混合的肽和酮结构(杂合非核糖体肽和聚酮合成酶)、聚酯(PHA 合成酶)、寡聚糖(糖基转移酶)等的组装过程。所有结构体都可以通过广泛的单体制成，这些单体可通过特定酶以选择性或非选择性的方式选用。深刻理解这些系统如何控制聚合物结构和单体选择可以选择性地产生新型单体或具有新官能团的聚合物。

### 用于无机材料合成的模板聚合物

除了生产纯有机材料外，生物系统也可以利用这些生物聚合物的自组装以模拟由钙、硅、铁、锰和铜制成无机材料及有机无机复合材料的形成过程。在自然界中发生的实例包括骨头、珍珠母、硅藻壳和磁铁矿纳米晶体等。在这些情况下，材料的纳米结构在化学性质(如化学组成和矿物结构)和结构(如尺寸和形状)方面高度可控 [91b, 92]。这种方法激发科研人员开发进化聚合物(如多肽)的方法，以模拟和控制各种矿物的形状。该领域的主要挑战仍是将这一途径用于材料大规模生产的成本控制，而该途径也会随着细胞外递送模板试剂的新方法开发而有所改进。

# 未来工业生物技术的商业模式

"纵向整合发展"一词常用于描述生物制造过程的未来研发前景由纵向整合

公司打造，开发从原料获取、生物工程到生产和规模放大的整个"端到端"生物过程。在这样的未来，工业生物技术的成功企业可以与英特尔公司相媲美：其业务涵盖从设计到制造的一切。

"横向分层发展"一词常用于描述具有分层式产业的生物制造过程发展的未来前景，各公司专注于供应链或价值链上的不同业务。例如，多个不同的公司可能分别专注于发展原料、生物工程、规模放大生产和市场与销售业务等。在这样的未来，工业生物技术行业与 20 世纪 90 年代的个人计算机（PC）行业相似，由不同的公司分别负责制造硬件部件、组装电脑、编写操作系统和开发应用软件[93]。

"集中式生产"一词常用于描述由少数超大规模精炼厂来完成化学品生物制造的未来前景。这些精炼厂利用经济规模来解决效率低下的问题，以微薄的边际成本生产化学品，其产量足以满足全球需求。在这样的未来，化学生物制造业的发展趋势与石油化工行业相似，后者在过去 20 年中，精炼厂的数量趋于越来越少，规模则趋于越来越大[94,iii]。

"分布式生产"一词常用于描述局部、小规模生产化学品的模式。在这样的未来，这些专门的生物精炼厂可能采用来自所在地区的原料，生产出的产品仅能满足当地的需求。这样的化学品生物制造业的发展趋势类似于当前的家庭酿造或微型酿造行业[95]。

**框 3-1** 中给出了上述定义的实例，以作比较。

---

### 框 3-1

| 纵向整合发展 | 横向分层发展 |
|---|---|
| 生物制造的研究与设计工作由负责整个端到端过程的公司开展，包括从原料获取、生物工程到生产制造和规模放大。 | 生物制造研究和设计工作由不同的公司负责，它们分别专注于生产过程中的不同业务。 |
| 苹果公司是这一类型企业的最好例子，其自行提供设计、操作系统、销售与服务。 | 个人计算机行业是此类型行业的最好例子，不同的专业公司分别负责设计、部件、组装、操作系统、软件、销售与服务。 |

---

iii. 在 1994 年，美国拥有 179 家合格的原油精炼厂，每天可以精炼 150 万桶原油，但在 2014 年，原油精炼厂的数量减少至 142 家，但每天的精炼能力提升到 180 万桶原油

| 集中式生产 | 分布式生产 |
|---|---|
| 　　少数超大规模精炼厂采用生物方法制造化学品，它们利用经济规模解决效率低下的问题，以微薄的边际成本生产化学品，其产量足以满足全球需求。 | 　　采用局部、小规模生产设备开展生物制造。精炼厂使用来自相同地区的原料，生产的产品仅能满足当地的需求。 |
| 　　石油行业是目前集中式生产的最好例子。 | 　　家庭酿造或微型酿造行业是目前分布式生产的最好例子。 |

　　虽然为简单起见，此处假想的未来只是作为单独的情景介绍，但是应注意这些情景之间可能存在一定的连续性。例如，分布式生产可能会达到一定的规模，并足以向国家、地区、城市、社区或仅向单个家庭供应生物精炼产品。再以横向分层行业为例，其分层程度可能会发生变化。生物工程可以作为供应链内的一个链层，或者被进一步分层，包括设计公司、DNA 合成与装配公司，以及生物测试与验证公司。最终，即使未来横向分层发展更为典型，在特定层级内仍然有可能出现集中发展的情况，类似于微软公司在 20 世纪 90 年代在个人计算机操作系统领域占主导地位。

　　此外，这些单独的未来情景相互并不排斥。某些工业生物技术部门可能各自倾向于集中式生产与分布式生产的不同模式。例如，对于形成快速消费品的含特殊成分的高价值化学品，将不需要修建与生产燃料规模相同的精炼厂，因为用户对其的需求比燃料的需求低几个数量级。因此，根据精细化学品(数百种，每种产量较小，但价格昂贵)与大宗化学品(数十种，大量生产，且利润微薄)行业的不同性质，最终可能会形成混合型的化学品生物制造产业模式。

　　此外，行业的分层或集中化程度可能会随着时间反复变化。DNA 测序是一个特别典型的案例，起初是一种高度分布的技术，主要是由单个研究人员和实验室展开的。随后，在人类基因组计划开展及降低 DNA 测序成本的愿望的推动下，这项工作开始逐渐向 DNA 测序中心转移，如美国哈佛大学和麻省理工学院合建的博德研究所、英国桑格中心、中国华大基因和美国能源部联合基因组研究所等。随着集中式 DNA 测序中心的不断建立，DNA 测序仪器的成本也不断下降，反而有可能再次出现在单个实验室规模开展各项基因组测序工作。

# 4 成功之道：如何去实现？

## 问 题 概 述

为了实现与化学制造同样可行的生物、化学和组合方法的未来，必须克服诸多技术挑战。如前所述，目前用于化学品制造的生物系统已经在某些特定行业部门中得到应用，但与传统化学品制造相比，市场仍然较小。尽管如此，此前的成功案例所表现出的发展前景仍十分重要。

在考虑将生物系统应用于化学品制造时，在设计和运行层面进行技术整合的考虑与传统的化学制造相比仍显不足，而这一点对于建立整个制造过程的发展模式和全面理解而言至关重要。由于生物学行为的特殊性，这一任务显得非常艰巨，但是也应看到，生命科学和化学工程领域在近年来已经取得一系列进展，如果能够突破诸多限制其发展的因素，这一问题将得到很好的解决。为了推动生物过程在化学品制造中的应用，本节介绍并讨论了一系列的结论和路线图目标，涉及原料、使能转化和整合设计工具链三大部分。

原料部分具体讨论了当前在制造过程中有应用前景的原料及关键技术进步带来的机遇。源自生物质的淀粉和其他单糖是目前使用最广泛的原料，而纤维素类生物质的使用也日益广泛。但在不易降解的纤维素原料利用方面仍存在诸多挑战，本章讨论了针对这一问题的潜在解决方案。虽然讨论主要围绕不同类型的生物质原料展开，但并不仅限于生物质。将合成气、甲烷和二氧化碳应用于生物制造方面的工作也在积极开展。

使能转化部分具体讨论了把原料转化为有用产品或中间产物所需的科学、技术、工程方面的知识和工具。在工程方面重点关注了化学品生物制造所必需的发酵与过程。促进发酵的方式很多，但通常都需要投入大量成本，这一点必须在投入生产前得以克服。为了减少资本支出，发展可靠和有效地扩大生产规模的能力至关重要。

本章还将继续讨论在推动化学转化方面的必要研究和开发工作。其中主要讨论了合成生物学及利用底盘和途径开发用于化学品制造的微生物。尽管其他领域也正在开展相关研究，但将微生物用于化学品的制造将会更为普遍。本部分内容提出了利用生物系统实现化学转化方面需要优先开展的研究。

最后一部分讨论了与本章研发内容需求相关的测量科学和技术的整体需求。

# 原　　料

## 新碳源

以可发酵糖形式存在的碳是生物法生产化学品的主要原料，并且往往是最大的单一投入成本。就大宗化学品而言，糖的成本占产品总成本的 50% 以上；在极端的情况下（以生物燃料为例），糖的成本占产品总成本的 65%[96]。相比之下，就工业酶和精细化学品生产而言，碳源投入成本仅占总成本的一小部分。这类产品的原料成本不高，因此原料价格变化的影响可以忽略不计。

目前，发酵用碳源主要是从谷物淀粉中得到的葡萄糖，而盛产甘蔗的巴西通常用蔗糖作为碳源。为了发展生物法用于化学品的制造，充分发挥其最大潜力，往往需要采用更充足、更多样化的低成本碳源。

纤维素原料来源于农业废弃物、林业副产品及专用能源作物，其数量充足，种类多样。将纤维素转化为可发酵糖是当前原料研发的热点，但以较低成本实现纤维素糖完全替代淀粉衍生糖则还需克服一系列挑战。

当前农业经济已经形成运行良好的谷物交易市场，农产品的生产、运输和储存基础设施也很完备。但源自纤维素原料的可发酵糖并不具备这样的市场和基础设施。随着第一批纤维素乙醇工厂上线运行，每个工厂都发展了各自的纤维素处理技术和当地的原料获取市场。纤维素原料的成本必须大幅低于 100 美元/t，才有可能成为谷物原料的可行替代品。

纤维素糖不是淀粉基碳源的唯一替代原料。甲烷及其衍生物也有可能成为生物制造中极具吸引力的原料。大规模的页岩气开采已经显著提高了甲烷的供应量，并降低了甲烷的价格。

## 多代原料

### 谷物衍生糖

如上所述，第一代发酵用碳源是指源于谷物的淀粉。美国的乙醇产业是在谷物原料的基础上建立发展的，当前所有化学品的生物制造均依赖于谷物。在美国，目前有将近 40% 的玉米作物用于非食用或者饲料加工，主要用于生产燃料乙醇[97]。尽管这种原料已经很好地服务于该行业，但仍存在谷物供应有限及与食品、饲料竞争原料的问题。这些问题在《2007 年能源独立与安全法》制定的《可再生燃料标准》（RFS2）中已经预见，该法案强制要求大幅度扩大纤维素作为燃料乙醇的原料使用。RFS 提出在 2010 年以后，燃料乙醇产量的增加应主要来自于纤维素糖（**图 4-1**）。

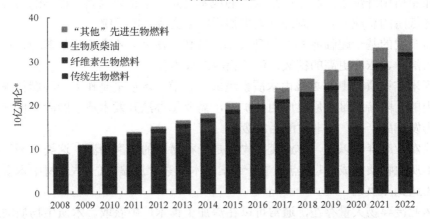

**图 4-1** 2007 年《可再生燃料标准》中规定的生物燃料的数量和来源

资料来源：《2007 年能源独立与安全法》[《可再生燃料标准》(RFS2)]

说到底，用于种植谷物的土地将会越来越少。优质耕地的供给在美国乃至全球都是有限的。通过改进农艺措施、培育高产品种并采用农业生物技术，将使单位面积的产量继续增加。预计在发达国家年产量将上涨 1%～2%，而在发展中国家，由于其产量基准较低，预计其年产量的上涨比例将更高。预估的增产率将首先确保满足食品和饲料需求。因此，仍需要发展替代碳源以实现生物法制造化学品的目标。

*木质纤维素生物质*

农业废弃物将成为生物法化学品制造的纤维素原料的首要来源。当前这一代纤维素乙醇工厂主要依赖玉米秸秆(茎秆、玉米叶和玉米芯)作为单一的碳源。农业生产中的其他纤维素生物质也可用作原料，如麦秆、稻秆和蔗渣等。

当纤维素生物质被用作发酵糖源时，需要经过多步程序以分解纤维素。第一步为粉碎，以促进原料流转，增加表面积，为后续化学步骤做好准备；第二步是在高温酸或高温碱环境中破坏纤维素结构使其与木质素分离；第三步和最后一步均为糖化作用，通常采用纤维素酶和半纤维素酶的混合物水解多糖体，生成发酵用的单糖混合物。

生成的糖液为五碳糖和六碳糖的混合物，其糖浓度远远低于葡萄糖发酵用糖的浓度。糖液中还掺杂难分解的多糖体、木质素和其他固体物质。为了生产燃料或者大宗化学品，从经济的角度考虑，要求使用未经精炼、分离和浓缩的糖液。此外，从经济学角度也要求发酵宿主工程微生物能消耗五碳糖和六碳糖。因此，

---

*1 加仑 (us) = 3.78543L

糖化作用所用纤维素酶和半纤维素酶的成本也是一个重要因素。提高酶的催化效率、降低酶的总成本是控制纤维素生物质中糖类成本的关键。

新开发的基于超临界 $CO_2$ 处理技术的替代方法完全不需要酶的参与，可以生成更为洁净、浓度更高的糖液，但其相应的成本偏高[98]。

玉米秸秆质量中的 20%由木质素组成。目前，木质素是作为一种燃料来回收和利用的。随着纤维素原料应用的扩展，需要想办法开发木质素的附加价值，使其成为发酵副产品，而非发酵后的废物。

除农业废弃物以外，林业废弃物也是一种潜在的发酵糖源。这类"硬"纤维素由木质生物质构成，其特点是半纤维素与木质素含量偏高（一些木材中木质素质量占比达到 40%）。

林业废弃物大量存在，通常可以在深加工锯木厂中获取。木质生物质的缺点主要是木质素含量偏高，需要复杂和强化的机械粉碎操作。这些困难导致木质生物质难降解，难以生成适合发酵的糖类，因此改进木质生物质衍生糖类的新技术将会带来重大的经济价值。

专用能源作物作为碳源将在未来发挥重要作用。作物种植方式的改变极其缓慢，也不可能将现有耕地转变成能源作物的种植用地。这意味着，一年生作物（如高粱）在未来可能成为纤维素原料来源。高粱是一种全能型作物，其农业生产系统已经完备，非常适合在美国西部平原上种植。高粱的培育可以提供高产量的谷物原料品种，也可以用于与蔗糖混合，并能最大限度地提高生物质产量。

放宽对生物技术农作物性状管控的时间轴延伸了不止 10 年，在相当长的时间范围内将会产生从纤维素中生产糖类的其他技术。先进育种技术及转基因性状的使用，可以设计培育有利于生物质分解为糖组分的品种。对木质素与半纤维素含量和性质的改造将降低难降解生物质、增加可发酵糖的单位产量（以吨计），进一步降低可用纤维素糖的成本。

此外，多年生牧草也适合种植在尚未用于种植行间作物的边际土地上。这样不仅可以提高生物质的供应量，而且还不用占用额外的农业用地。以柳枝稷为例，作为美国本土的天然牧草，柳枝稷可以生产大量的生物质（以单位面积计）。与行间作物残留物产生的时间较为集中相比，牧草的收获时间有很大的灵活性。其最大的缺点是种植期需要 2～3 年，种植初期的经济性较差。

速生树种也有可能成为可发酵糖的来源，这与其为制浆过程提供原料的方式几乎相同。此外，这种树种还面临着成材期较长和"硬"纤维素源中木质素含量偏高的双重挑战。

单碳原料

作为非常规能源的廉价且丰富的天然气，主要由甲烷和微量碳氢化合物组成，该原料的使用带来了美国能源和原料领域的彻底变革。天然气已经替代了石脑油裂解产物而成为许多化学品的首选原料。除了非常规天然气外，还可以从填埋气体或者生物质分解气体中得到生物能源甲烷。甲烷及其衍生物(如甲醇、合成气或甲酸盐)都具有成为发酵碳源的潜力。

尽管单碳原料的价格可能具有吸引力，但是仍然存在相当多的技术挑战。两相气液发酵装置非常复杂，且价格昂贵。甲烷和氢气在水中溶解度都很小，气液传质特性将影响发酵装置的生产力，使其无法达到较高的单位体积生产率。但是，目前至少有三台示范性的合成气制乙醇装置正在运行。为了拓展单碳原料用于化学品生物制造的经济可行性，还需要对其他工艺过程和宿主开展研究。英国的帝国化学工业有限公司(ICI)、英力士生物公司(INEOS Bio)、新西兰的 LanzaTech 公司和新光技术公司(Newlight Technologies)等企业正致力于发展单碳原料利用技术。

主要结论

**结论**：有效提升原料的经济可行性与环境可持续性，对加速发展燃料和大宗化学品的生物制造非常关键。

**结论**：提升生物原料的可用性、可靠性和可持续性，将扩大经济可行的产品的范围，提供更为可预期的原料水平与质量，克服化学品生物制造的障碍。这些生物原料包括：

- 植物纤维素原料，包括为实现低成本糖化工艺而专门用于生物制造的工程植物；
- 原料的木质素副产品的全利用；
- 低浓度糖液的利用；
- 通过生物学途径将复杂原料转化为清洁、可替代、可用的中间体；
- 显著降低对环境的影响；
- 利用甲烷及其衍生物、二氧化碳、甲酸盐作为原料；
- 非碳原料(如金属、硅等)的利用；

提高对单碳原料发酵的认知，包括宿主微生物与发酵过程等；由于美国天然气的可用性日益增加，这将进一步扩大原料的多样性。

路线图目标

- 力争在 4 年内广泛使用新的碳源用于生物过程，如"软"纤维素衍生的可发酵糖，且每千克原料总成本降至 0.50 美元以下；

- 力争在 7 年内广泛使用新的碳源用于生物过程，如"软"纤维素和"硬"纤维素衍生的可发酵糖，且每千克原料总成本降至 0.40 美元以下；

- 力争在 10 年内广泛使用多种碳源用于生物过程，如木质素、合成气、甲烷、甲醇、甲酸盐和 $CO_2$ 及"软"纤维素、"硬"纤维素衍生的可发酵糖，且每千克原料总成本降至 0.30 美元以下。

# 使 能 转 化

## 发酵与过程

经济上所面临的挑战减缓了生物工业化的发展进程。为促进生物工业在化学品制造中的使用，必须提高其整体经济性。

工业生物技术产品的发展目标必须以经济性作为首要考虑因素。生物过程很难与由常见石化原料在完全折旧的资产下生产大宗化学品直接竞争。利用生物过程生产性能优异的高附加值精细化学品具有一定经济优势。利用生物过程生产传统化学方法无法合成的分子也具有不可比拟的经济可行性。对于价值低于 20 美元/kg 的化学品，其市场容量必须在 1000t/年以上。

根据委员会掌握的背景信息和与行业专家交换的意见来看，价值为 2～5 美元/kg 的通用化学品必须具有 50 000t/年的潜在市场规模。对于此类产品，原料成本和资本成本均为关键性考虑因素。因此，工业生物过程必须降低原料成本和资本成本，才可能与传统石化过程相竞争。另外，一般情况下生物过程被看作对热化学过程的补充，因此并不需要与热化学过程竞争。未来许多化学品将采用生物和传统化学合成步骤相结合的方式来生产。

通常认为宿主是判断生物生产过程是否经济可行的最重要决定因素。生物催化剂决定了生产强度、生产水平和产率这三项重要经济参数。这些参数极大地影响着产品成本和所需设施的资本支出。需要通过生产能力强、效率高的生物过程来加速化学品生产的生物工业化。若想减少生产成本和投资成本，则必须逐步提高生物过程的时空产率。典型的发酵反应器的产量为 3～5g/(L·h)，与典型化学反应器的生产力相比，发酵反应器的生产力至少低了一个数量级。生产力的提高只能通过使用生产力更高的宿主微生物及改进过程工程来实现。

用于化学品制造的生物过程设施涉及一系列操作设备。发酵设备资产是生物过程中最大的资本支出，但其他操作设备也很重要。如果原料并非纯的蔗糖或葡萄糖，则需要预处理设备，预处理过程在前述关于原料的章节中已经进行了讨论。

原料的预处理设备可与发酵设备整合运行，也可分开运行。预处理完成之后即进行发酵。发酵过程通常需要使用种子发酵罐来培养生物催化剂细胞，然后再将其引入大规模发酵罐。发酵完成后，需要采取分离过程将产物从细胞和发酵液中分离出来。分离过程包括一系列过滤和离心分离步骤。最后，还需要采用超滤、萃取、蒸发、精馏、离子交换及其他过程来完成产品的浓缩和提纯。需要注意的是，分离成本可能是整个制造过程中成本最高的环节，因此需要认真考量。

### 发酵

发酵设备资产是生物过程中最大的资本支出。化学品制造通常在好氧发酵罐中进行，通过冷却盘管维持恒温状态，通过搅拌进行混合，并加速氧气的气液传质及热传递，从而加快冷却。用于生产精细化学品的典型好氧发酵装置的成本通常为 200 000 美元/m$^3$，产率通常为 0.1～1g/(L·h)。采用好氧发酵过程生产大宗化学品的成本通常为 50 000～100 000 美元/m$^3$，产率通常为 1～5g/(L·h)。而大规模的玉米厌氧产乙醇装置的运行成本通常为 7500 美元/m$^3$（包含干磨糖化过程的成本），产率可达到 3～5g/(L·h)。

长久以来，发酵过程以补料分批方式进行。现代的"流加培养"反应器代替了补料分批发酵。在"流加培养"反应器中，碳源和辅助因子用于培养生物催化剂并维持代谢和产物分离的整个过程是连续的。

通过改进搅拌、增大热传递面积和气液接触能够提高发酵罐的性能。散热和传质的改善有利于提高大型发酵罐的效率。由于微生物、温度和剪切的限制，时空产率仍然很低。

历史上均通过宿主的选取来尽量优化生产强度、发酵水平和原料转化率。需要从整个过程工艺的要求出发来考虑发展宿主微生物的附加特性。举例来说，维持无菌（即无生产菌以外的杂菌）发酵环境大大增加了能量消耗，能量消耗的形式主要体现在灭菌用蒸气上。能在无菌条件较差的情况下工作，或能耐受酸碱性而无需蒸气灭菌的微生物有助于降低产品成本。适应更高温度、具有抗剪强度或需氧量更低的宿主有助于提高时空产率。具有更好菌株稳定性的宿主适用于连续发酵和持续时间更长且生产力更高的补料分批发酵。

人们很少关注产物的连续移除。在传统的补料分批发酵过程中，宿主细胞的生产力下降决定了发酵终点，而宿主的生产力下降是由代谢产物（包括目标产品）累积产生的毒性影响引起的。连续移除代谢产物有助于降低培养宿主细胞相关的成本，包括在该批次细胞生长阶段的碳底物的成本及发酵效率低下的时间段的成本。

　　由于改进了均一性（消除了批次间的差异）并加强了过程控制，化工行业由间歇式反应发展为连续过程。均一性的提高和过程控制的强化之间有所联系，但最终还是取决于经济方面的原因。很难想象石油化工行业能在缺乏高效的连续过程的前提下扩大到现在的市场规模。工业生物技术起源于酿造技术，发展到补料分批发酵和流加培养发酵过程。连续发酵过程的发展对提高工业生物技术的经济性至关重要。为此，开发连续发酵过程必须与以此为目的的宿主选育同时进行。

　　在单个代谢途径、全细胞代谢网络以至整个发酵设备等层面建立预测模型是十分有必要的。现有的发酵设备建模工具有利于构建质量与能量平衡，并有助于绘制发酵过程的流程图。用于预测细胞或发酵设备层面的扰动效应的动态建模工具仍然稀缺。此类工具有利于补料分批发酵、流加培养发酵，特别是连续发酵的发展。

### 规模放大

　　改良宿主对于提高发酵过程的生产力和效率而言至关重要。尽管宿主微生物可能是决定生物过程是否经济可行最为重要的因素，生物过程的工程改良也十分重要，因为这对投资成本和运行成本均有显著影响。因此，宿主微生物和生物过程的开发必须相互配合进行。

　　扩大生产规模已成为化学品与燃料生产的关键挑战和潜在障碍。在规模放大的过程中（从微量滴定到小规模发酵，再到生产规模的发酵），主要挑战之一是改变宿主有机体的性能，而攻克这一点对于加速该领域的发展进程十分关键。随着合成生物学技术的发展及下述"设计-构建-测试-总结"（DBTL）循环的推进，需要高通量筛选系统筛选出用于更高级别测试的变异体。变异体的选择可通过测定方案确定，该方案能够在微尺度下模拟菌株在大规模发酵期间的性能。精细化学品可在容积为 1000L 的发酵罐中进行发酵，但大宗化学品必须在容积大于 100 000L 的发酵罐中发酵。生物乙醇就是在百万升容积或更大的发酵罐内生产的典型产品之一。因此，目标应定位在尽快扩大生产规模，从微量滴定扩张到大规模生产，并尽量减少中间规模的试验和重复试验的次数。克服这项挑战需要化学工程、细胞生理学、自动化、统计和建模等方法与技术的交叉发展。

### 酶促反应

　　酶用于生物化学品或有机精细化学品的商业化生产已经有几十年了。早期多采用从活性生物体中分离的天然酶。自 20 世纪 70 年代起，随着 DNA 重组技术的发展，新开发了活性更高的酶用来提高酶促反应过程的经济性，并进一步拓宽应用领域。酶催化剂可以通过前述的发酵过程来生产。酶催化剂通常用于促进水解反应、氨解反应、酰胺化反应，或用于外消旋混合物的拆分。典型的商业化应用包括广泛用于醇类、胺类、氨基酸及有机酸的催化生产。

酶促反应的产率较高。酶的空间和区域选择性提高了酶的效率。这些反应越来越多地在有机溶剂中进行，进一步拓宽了酶的使用范围。尽管酶促反应通常通过均相催化进行，但稳定的工程酶的开发提升了固定化酶作用于不同底物的能力[99]。

### 无细胞过程

在细胞外进行复杂的多步生物催化反应的潜力带来了广阔的发展前景。无细胞过程是在不使用活细胞的前提下激活复杂的生物过程的一种工艺[100]。事实上，细胞提取物按前文所述的酶促反应流程用于简单反应的历史已有多年。无细胞过程利用细胞的生化物质，且不受细胞新陈代谢的不利影响。通过发酵过程来培养生物催化剂有机体，然后裂解、破坏细胞，但保留酶和辅助因子的生化特性。无细胞过程的优点在于：能添加或除去催化剂和/或试剂；能同时降低毒性影响，因为无需考虑细胞活性；在没有细胞壁的情况下，有可能促进能量和物质转移；反应介质为同质类型，无需考虑细胞壁内外的浓度梯度，有利于浓度的测量。不过，无细胞过程仍面临挑战，必须维持对所需合成必不可少的新陈代谢网络，必须循环使用辅助因子以保证该过程的经济性。迄今为止，生产率仍然不高，且还未实现复杂的多步合成。尽管无细胞过程用于大宗化学品生产规模的生产技术还有待论证，但由于该技术的潜力和优势巨大，这方面的研究仍在继续[101]。

### 其他生物过程操作

在发酵罐、酶催化反应器或无细胞生物反应器下游需要许多单元操作。在任一化学品生产过程中，产品分离和纯化都是必要的工序。这些工序会增加操作和生产成本，也会带来较高的设备成本。热分离过程会大量耗费能量和水。为降低该过程的成本和生产费用，需要提高该过程的效率。应扩大使用替代分离技术，如萃取技术和膜分离技术。使用易清洁的低成本膜可降低微滤和超滤过程的成本。另外，还需要发展适合从分批发酵罐中连续移除产物和其他代谢物的分离过程。

发酵过程中会用到水。水不仅作为发酵介质，还在产品回收中用作蒸汽和冷却水。每加仑燃料乙醇所需用水量在1998年为5.8加仑，如今大约降到了3加仑。为达到水的净使用量接近零的目标，需进一步加强水的再利用。

尽管通常认为生物过程比较环保——比化工厂运行更加"绿色"——但生物过程仍然会产生固体和液体废弃物。生物过程的规模扩大要求合理处置更多的流体废物。因此，要积极发展新的处理方法，为当前的处理方法提供替代接近方案。

必须分析识别流体废物可能产生的附加价值，实现流体废物的副产品的高值化利用，以提高生物过程的环保性和经济性。

### 主要结论

**结论：**以好氧、流加培养、单一培养发酵为主导的化学品生物制造工艺已经持续了几十年。针对生产力更高的宿主微生物的研究已经取得了很大进步，但在通过改进质量和热传递、连续产物回收，或更广泛地利用共培养、共底物、多产物联产等方式提高发酵过程的生产效率方面所做的研究较少。

**结论：**基于小规模实验模型，开发能在一定规模具有实际预测性能的计算工具，能够加速化学品生物制造的新产品与工艺的发展。

**结论：**不同于许多传统的化学过程，工业生物技术会产生大量的水相反应物料，因此需要有效的产品分离和水循环利用机制。

### 路线图目标

- 在 3 年内，实现经济可行的生物反应器的操作过程，可克服与气相原料和/或气相产物相关的传质及分离限制。
- 在 5 年内，开发出基于数据的建模工具和规模扩大的技术，使得生物产品的生产过程在 6 周内规模从 10L 可靠地扩大至 10 000L。
- 在 7 年内，在连续发酵罐中或分批发酵的生长期之后，以稳定的状态持续且可靠地实现 $10g/(L·h)$ 的生产力。

- 在 5 年内，针对所有生物基水相反应过程，实现全过程用水 80% 的回收率。
- 在 7 年内，针对所有生物基水相反应过程，实现全过程用水 90% 的回收率。
- 在 10 年内，针对所有生物基水相反应过程，实现全过程用水 95% 的回收率。

# 生 物 体

加速化学品的生物制造所催生的行业发展的核心是特定化学品生产的专用生物体，其在生产水平、生产强度和产率方面都足以满足经济的生产需求。这些微生物几乎必然经过高度的工程化，主要是基因工程改造，包括但不局限于导入编码新酶活性的基因、删除编码竞争性和非理想活性的基因与修饰基因，从而改变调控过程及原料、中间体和产物的耐受性。因此，该行业的核心不仅包括微生物自身，还包括快捷生产这些工程生物体的先进方法。获得下一代生产菌株需要作出的改进分为以下几个方面：首先是开发能够预测性定制途径、基因组及工业微生物能力的建模和设计工具（从摸索期到大规模发酵期）；其次是基因组（包括非已培育生产菌株组成部分的生物体及仍只能在野外获取尚未构建培养体系的生物体）操作的基本科学和技术；再次是用于评估工程生物体和途径的信息测量技术；最后则是从以前的实践中吸取经验教训的方法，以此重复成功并避免再次失败。

开发用于化学品制造的工程生物体从所需生物过程的技术规范开始，并特别注意会对宿主和代谢途径的选择产生影响的技术规范。最初的技术规范包含以下一个或多个方面：①需要生产的化学品；②化学品的目标价格（美元/kg）；③化学品的目标产量（t/年）；④目标原料（如葡萄糖）。由于这些方面建立了从菌株改造开始相关的基本参数和目标集，因此这些方面与宿主和代谢途径的关系最为密切。生物制造需进行概念验证，且需扩大模型，以完全整合过程设计和发展，因而附加的规范还包括以下方面：⑤成品的质量标准（如纯度）；⑥目标生产水平、生产强度和产率（根据整个生物过程的经济技术模型来确定）；⑦可能会影响生物体设计的对生物过程的额外考虑（如补料分批发酵或流加发酵或连续发酵、共溶剂的使用、曝气程度）；⑧促进规模扩大和连续质量控制措施的相关设计。

因此，用于化学品制造的工程生物体要求跨多个不同水平的分辨率进行建模，从（重新）设计宿主新陈代谢以满足化学品制造所需的碳、能量和辅助因子需求，到设计基因序列，这些基因序列编码可生产特需化学品所需的细胞机器。以上各方面均面临各自的技术挑战、需求和机遇。另外，如果分子为异源分子，化合物的生物制造必然会要求大范围的菌株改造；然而即使目标分子是自然形成的代谢物的情况下，宿主也很有可能需要进行额外的改造，以使该过程经济可行。

如果目标分子并非已知的生物代谢物，但可通过生物技术进行合成，则必须设计出一条新的代谢途径，用于从现有的代谢中间产物或是方便获得的碳源制造出目标产物。设计出新的途径后，接下来选择催化各生物合成步骤所需的酶。通过非连续工序的研究、设计及逐步完善，能够获得有用的途径，但通常产出率较低。在获得有用的途径后，必须继续完善工艺过程，以获得能以期望的生产水平、生产强度和产率生产预期产品的最终工程微生物。由于产出可能会分为多个层级，其最终可根据质量和能量平衡来确定。这会给整个生物体带来伴随性影响，因此必须考虑周全。

## 引言："设计-构建-测试-总结"循环

工程生物学的一项基本要素是"设计-构建-测试-总结"（design-build-test-learn，DBTL）循环长久以来的迭代应用，这是所有工程类学科的标志。代谢工程首先将工程原理用在菌株构建上，以便生产小分子。合成生物学一直在尝试拓展，并在生物体系改造的方方面面大力加强"设计-构建-测试-总结"循环的使用。对于特定的理想生物过程，该 DBTL 循环适用于多个方面，从选择与定制合适的宿主和代谢途径、构成代谢途径的酶、表达酶的遗传体系及关于如何构建和测试已选择与定制内容的实施计划(设计)，到利用 DNA 合成、组装、转化及基因组改造工具来生产设计好的变异菌株(构建)；再到培养这些变异菌株，以对构建的菌株的性能进行评估，如通过转录组学、蛋白质组学、代谢组学之类的途径及一种或另一种代谢流分析[102]的方式进行评估(测试)；再到评估测试结果，以确定该设计是否成功完成，初始设计模型或构建与测试过程是否需进一步改进(总结)。该循环的各方面将依次被纳入考虑范畴，这是因为该循环适用于能加快化学品生物制造进程的整体基础学科和驱动结论。

## 完全整合的设计工具链

在前文所述的各个不同水平的解析方面，我们注意到，当今适用的科学设计工具与实现本报告中提出的未来预期所需的工程设计工具之间还存在一定差距。迄今为止，生物体设计用到的大多数工具通俗地说是"拉拽(pull)"工具。"拉拽"工具是指帮助用户询问和回答所提出的设计相关具体问题的工具。举例来说，用户可通过 mFold 工具来提交核酸序列，以便于进行二级结构预测。用户可通过蛋白质功能域数据库 PROSITE 来提交蛋白质序列以获取蛋白质功能域信息[103]。代谢网络分析软件包 COBRA 允许用户使用基因组规模的模型来预测不同条件下的细胞代谢和其他功能[104]。尽管上述各个工具均适用于整个生物体的设计过程，但是它们仍要求生物工程师制定关于所提出设计的具体问题，确定并应用能回答该问题的工具，然后解释结果的有效性。该方法使得所提出设计中的缺陷检测限制在生物工程师选择研究的那些问题，工程师必须从各适用工具中"拉拽"信息。为克服本报告中提出的重大挑战，越来越有必要开发并部署能主动提供有关所提出设计中潜在缺陷的信息的"推送(push)"工具。举例来说，设计的基因序列用的综合推送工具可浏览输入的基因表达调控域的核酸序列(启动子、转录因子结合位点、核糖体结合位点/Kozak 序列、密码子选择、翻译暂停位点及 RNase 位点)、结构域(DNA、RNA 和蛋白质二级和三级结构)及蛋白质层面的功能域(已知的蛋白质结构域、信号序列和蛋白质水解切割位点)，并将该分析的总结结果"推送"给生物工程师。更复杂的推送工具甚至可以根据各预测结果的预估置信度及各结果可能会对生物体性能造成不利影响的可能性对结果进行排序。借助推送工具，生物工程师无需根据工具库对各设计进行提问，反而可以依赖软件对所提出的设计中的所有潜在问题进行说明。需要明确的是，推送工具不仅仅是自主的和整合的软件系统。当出现附加信息或工具的改进时，它会将新的关注或机会告知生物工程师，这个过程与工程师从整合系统拉拽的信息不同步。例如，如果由于没有已知酶来完成途径中的关键性工序，从而导致预想的生物合成途径当前不可用，那么推送工具可在这种酶被鉴定时告知工程师。亦或是如果新信息表明，之前设计途径中的代谢中间产物存在严重威胁人体健康的风险，那么推送工具的通知可阻止可能实施潜在有害风险途径的生物系统的设计开发。

要想获得完全整合的设计工具链，则需要建立标准的软件工具应用程序接口（API），以便这些工具能有效地相互传递"推送"信息，应用能说明如何组织通知内容的数据交换标准，以及利用设计工具能从中拉拽信息的标准化数据存储库（尤其与生物过程、生物反应器、生物体、途径、酶、表达系统及构建与测试方法相关）。自开发 BioBrick DNA 组装工具以来，就已将标准化这一概念纳入实践[105]。最近更加大力地推进标准化不仅是物理 DNA 组装，还转向数据交换和视觉设计表现标准，包括合成生物学开放语言（SBOL）及其视觉系统 SBOL Visual[42]。另外，还将其他已建立的标准，如医学数字影像和通讯（DICOM）[106]，用于合成生物学。已出现了关于生物体、DNA 序列和表达系统的信息库，包括 iGEM 标准生物元件登记册[107]、ICE 库平台[108]、虚拟元件库[109]、DNASU 质粒库[110] 及 AddGene[111]。前三个专用库已建立设计工具的 APIs，可用于内容查看，正在尝试开发覆盖这些库的标准化 API，从而使得"登记页"达到统一。尽管这些尝试表明，在建立标准化的 API、数据交换标准及标准数据库（要求能促进完全整合的设计工具链）方面已取得和正在取得不断进步，但显然还有很多工作有待完成（尤其是关于建立实验测量和特性数据方面的工作）。还需注意的是，标准的系统发展和规范发展之间存在微妙的平衡，即尽管制定标准是完全整合的设计工具链所必需的，且制定标准需要有新的需求（资源需求或社会需求）来刺激，但过早规范化标准仍有可能会给改良带来很多遗留的不利因素，对创新和发展速度产生不利影响。如果广泛开发和应用整合的设计工具链，那么促进该工具链的数据标准很可能将随之跟上。

主要结论

**结论：**开发和利用强健的整合设计工具链，覆盖制造过程的所有环节，包括单个细胞、细胞内反应器，以及发酵反应器等，是促使生物制造达到与传统化学制造同等水平的关键一步。

**结论：**研发内部的及整合制造过程中所有环节的预测建模工具，将加速化学品生物制造的新产品与工艺的开发。

路线图目标

• 在 4 年内，开发并示范用于设计在单个生物体水平或更低层级（即细胞内的一切）的生物制造过程的整合设计工具链。

- 在 7 年内，开发并示范用于设计在单个生物反应器水平或更低层级（即生物反应器内的一切）的生物制造过程的整合设计工具链。
- 在 8 年内，开发并示范用于设计整个生物制造过程（即从概念到产品之间的全过程）的整合设计工具链。

# 设计

## 途径设计

设计的第一步是选择合适的用于生物合成的代谢途径。在此情况下，即便是目标合成途径已经阐明，也不一定能很明确地选择出生产所用的代谢途径。举例来说，类异戊二烯/萜类化合物家族能通过甲羟戊酸途径或非甲羟戊酸（DXP）途径或混合使用两种途径来生产[112]。同样，琥珀酸可通过三羧酸的氧化途径或非氧化途径或混合使用两种途径来生产[113]。

对于更多新的转化工序（在此工序中已确定酶化学过程，但感兴趣的特定底物的转化还尚未经过实验证实），需要使用新的工具来提高所提出的设计的可预测性。理想情况下，此类工具能根据预测的实验可行性来对途径设计进行排序。需要考虑的因素包括已知底物和目标底物[114]之间的化学差距、编码相关活性酶的基因序列的多样性、对目标酶活性反应机制的理解（有助于对酶进行理性设计；详情参见下文）及底物多样性和范围的功能验证程度。

## 酶的设计

对于已知的酶促反应，设计工具应包括用于快速识别可能具有最高活性的变异体的可用实验数据。应该注意的是，在生物学中，实验环境很重要，因此典型的实验数据，如理想的体外条件下测量的活性可能无法在细胞宿主内转化为高活性。但详细的生物化学信息整合（如有）有助于过程选择的进行。如果酶未能满足目标要求，则必须找到替代物。一种选择是寻找与已知突变体具有同源性的替代物，如使用 BLAST 搜索工具[115]。此搜索方法无需分离序列或在功能上验证有效的序列，而是完全依赖于相似性，从而提出更多额外的选择。此方法的优点是有助于获得重要的基因组和宏基因组数据，从而得到新的突变体；但其缺点在于序列的不确定性，因为该序列未经过功能验证。尽管通量构建得到了改善，仍然需要避免无用的编码酶的 DNA 序列的不必要合成。快速发展的工业化需求提高了蛋白质序列与酶学功能联系的预测性。用于改善功能性预测准确性的设计工具及预测酶是否具有活性和活性有多大的能力可大大加快建立生物合成概念论证的初始步骤。代谢途径设计和酶规范工具的结合促成了精密计算工具的产生，为目标化合物提供了可靠可行的新代谢途径，从而促成生物工业的变革，因为这些工具将快速且显著扩大可生物制造的候选化合物范围。

如上所述，对现有酶数据库的支持和建设将加快酶设计的步伐。随着这些数据库的扩展，应修改数据字段以覆盖与代谢途径设计特别相关的知识，如已知的副反应、底物特异性、变构调节、可进化性（基于系统发育或实验知识）和潜在的功能类似物。

### 系统生物学设计

在用于筛选或生产的底盘中植入代谢途径和酶通常需要对宿主代谢和/或生理机能进行设计（重新设计），以实现所需的性能标准。代谢设计目标主要包括重构竞争性副产物和简化生物质的转化过程，这两者都有助于增加产物产量。然而，生物合成代谢途径通常会涉及氧化还原反应，因此电子流必须与碳流相结合。此外，特异性转化还需要偶联反应或活性底物的产生，为催化热动力学上的不利反应提供能量。完全整合的设计工具链应能满足这些分层目标，从而实现内源性代谢、异源性产物形成、氧化还原反应和能量平衡，以预测基因操作的最优组合。为此，对各种条件下（如不同温度、压力、盐度和碳源）数百种宿主生物体的特征及其表型进行记录也是很有必要的。此记录与 PubMed 一样，应为公众服务，可促进双方的工作进度，并为更全面地开发用于生物体和代谢途径设计的系统生物学工具箱提供素材。

此外，更重要的是，不能忽视对整个细胞生理学的系统水平的作用。生物基小分子生产所面临的常见障碍是毒性，其中产物毒性会使细胞活性大大降低甚至完全消失，从而影响宿主的生产能力。这些影响在质量和能量平衡方程中通常无法轻易发现，一般以物理和生物方式体现。例如，某种产物可能对途径中的酶或细胞性能必需的其他内生反应有抑制作用。在这种情况下，发现和引入抗反馈抑制的酶可能会缓解影响。尽管实施起来并不容易，但这类毒性具有明确的生物学原因，可以据此来进行处理。另一方面，如果上述产物在物理学上涉及细胞膜，将破坏细胞膜的完整性并引起细胞质成分的漏损，那么必须对此类毒性的更基本层面进行了解，以提出合理的解决方案。例如，可以通过工程改造使细胞壁能耐受更高浓度的毒性。不论是哪种情况还是两种情况同时发生，都需要能基于对系统的了解而提出毒性机制和解决方法的设计工具。需要注意的是，适应与进化可用于获得拥有更强耐受性表型的变异菌株，在这种情况下，设计工具链应能结合这些实验结果，并将其用于未来的设计情景中。

### 生物过程设计

上述设计工具链的重点是细胞生物体，除此之外，还必须有一套完全整合的设计流程能涵盖各种规模和各种生物过程。根据规范构建的菌株将可靠地按照设计要求发挥特定功能稳定活动。这些性能规范可被表达为完备的参数，包括客观的底物产率、生物量产率和单位生产强度，这些参数在过去的数十年中就曾成功用于模拟和设计生物过程。由于细胞行为变得越来越复杂（如结合反馈控制机制而进行的动态行为），可通过生物反应器模拟这些行为以预测整个过程的性能，从而对生产水平、产率和生产强度进行预测，这对评估生物过程在商业上的可行性是非常有必要的。总的来说，模型应可对各种培养环境和生物过程条件下的细胞行为进行预测。上文中提及的基于系统生物的数据档案将有助于构建用于扩大规模和扩展范围的预测工具。

## 构建

为生物工业应用而开展的新生物体结构设计可进一步分解成鉴定、表征和适应生产的"底盘"修饰，以及在这些底盘中构建所需化合物生产的合适途径。

DNA 合成技术的不断变革将使得底盘修饰和新途径构建成为可能。我们仍处于获得片段更长、成本更低的 DNA 的指数轨迹上，将生成和测试更大更多的构建物。合成技术使 DBTL 范例变得尤为强大。也就是说，很显然对可扩大亚基因组或途径生产的规模的生物工厂需求将不断增长。公共资助可能会支持多个合成中心的建立，合成和组装技术也有可能发展到这种程度，即基本上在每个实验室都能通过实验室设备（"DNA 打印机"）合成和组装 DNA 设计物。

### 途径

途径主要由一系列的酶催化活动组成，并通过传感器和调节性相互作用与中心代谢结合。为了开发能生成感兴趣的小分子有机产物的代谢途径，首先必须要获得能进行任何变异的酶。这种酶可能有以下三个来源：新型酶的系统发育；通过设计或选择了解已知酶的催化活性和生物物理特性；合成未曾在自然界中发现的全新特性的酶。

挖掘新型酶的生物信息学方法目前已经有很多[116]，且上述整合设计工具链可能会继续在信息数据库中补充适用于新用途和路径的代替物及更好的目标酶。尽管对酶的挖掘和表征已经生产出很多适用于微生物工程的元件，但在许多情况下，这些元件在新环境中的特定角色或性能必须进一步优化。以下两种方法证明了可几乎能生成任何基因回路的元件：计算设计和定向进化。这些方法也同样适用于蛋白质。蛋白质的计算设计已经发展到能产生新型蛋白质折叠和不断改善现有蛋白质功能，包括提高稳定性和加强其与小分子、生物聚合物的交互作用。在蛋白质设计工具方面也有多处改进，最显著的是 Rosetta 套件的广泛使用。与已经在别处发现的 DNA 合成技术改进一样，这意味着可频繁地重新设计蛋白质骨架以形成新的结构、合成数十至数百个预测的变异体、快速测定那些拥有所需能力的蛋白质。未来发展所面临的障碍主要与基于物理方法和更好地说明相互作用能量转换的算法的改进有关，尤其是与小分子的相互作用。随着障碍的克服，要重新设计酶的活性部位以适应更广泛的底物和辅助因子，从而能更加全面地实现几乎任何转化途径的发展。如能达成上述目标，就能从头设计化学反应所需的酶，特别是那些目前还没有等效生物催化剂的化学反应。

适用于生物体的定向进化方法也同样适用于酶，而且存在各种各样的技术用于改变酶的性质。定向进化补充了分子设计，后者能够从大量分子中筛选出拥有所需能力的少数者。但定向进化能筛选出极大数量(数百万到数十亿)的变异体，这在一定程度上消除了设计的必要性。另一方面，即使小分子蛋白质可获得的序列空间也是非常之大，由此设计工具对于划定为限制定向进化实验所构建的文库极其重要。

限制定向进化作为优化成分的手段，而更广泛应用的主要问题是新的选择或筛选必须适用于每个新的分子功能。如果需要拥有新底物特异性的酶，那么酶的功能必须与细胞生长联系到一起，或设计出专用于这种酶的高通量测定实验。为了克服这些问题，研究人员已经着手开发更通用的定向进化方案，如噬菌体辅助连续进化[117]和区室化配对复制，试图将元件的表型与系统中的功能相关联，这样就能进行更多的模块化选择。就这一点而言，理性设计的改良可使较小的序列空间库在有限的筛选通量条件下产生所需的活性。

超越自然和超越定向进化能力仍然不切实际。吸纳了大量新元件的新型酶可通过设计或选择用于进行复杂的生物无机转化。同样，也可通过非标准氨基酸极大地补充用于酶化学的 20 种氨基酸，因为非标准氨基酸能更好地执行特殊化学反应或能"硬化"蛋白质使其符合高温条件或酸性环境下(细胞内或封闭状态下)生物过程流操作的要求。

随着产业的发展，此序列数据库不断扩充(虽然仍未饱和)。随着计算机辅助设计和定向进化的不断改进，有希望获得相对较小的元件列表，并不断变化其功能以适应行业需求。这反过来也说明了致力于元件改良的企业生态系统可能有利于提高生产力。有很多企业(如 Codexis 公司)都在定期为客户开发新型酶以实现大规模的生物过程[118]。预期设计与实际合成之间有可能存在"概念上的障碍"，且此障碍不断扩大，未来系统将会对元件的特性进行说明，而不是元件本身。如果数据库中已经存在的信息无法满足这些特性，那么相关说明将发送给元件制造商作为补充信息。

主要结论

**结论：** 在快速设计具有催化活性和特殊活性的酶、改造其生物物理与催化性能方面的进步将显著降低生物制造及生产规模放大方面的成本。

路线图目标

- 7 年内实现将 1Mb 碱基长的合成 DNA 片段导入生物体基因组的能力，且出错率小于十万分之一碱基对，成本预计 100 美元，用时一周。
- 7 年内拥有从头合成具有新催化活性和更高转化率的酶的能力。

底盘

在本报告涉及的生物过程中，细胞是基本工程单位。酶或途径可被导入细胞中，因此细胞代谢和支持化学转化的生理机能通常是生物过程工程与规模扩大的关键所在。虽然大肠杆菌和其他模式生物体中可以开展大量的基础代谢工程，但这些细胞"底盘"有时可能并不适合生产。

生产不同化合物所需的代谢和生理特性的多样化需要一系列用于代谢工程的细胞底盘。例如，对长链醇有高耐受性的微生物可能更适合作为生产新型生物燃料的宿主，但具有极低 pH 耐受性的菌株有利于有机酸的生产，因为这可将下游分离成本降至最低。大肠杆菌、酿酒酵母和其他模式生物体能如此广泛应用的原因在于适用于这些宿主的基因工具非常强大。因此，基因组、蛋白质组、代谢组及其他信息学之间的相关性相对比较完整，且已经置于越来越被量化的系统生物学模型中（由上文所述的设计工具链可看出）。因此，围绕更适合生物过程工程和生产的生物体系统生物学及生理学展开额外的基础研究非常重要[119]。除了获得实验室菌株的基因组序列，对大量实际参与生产的微生物测序也非常有用。辅助蛋白质组学分析和代谢分析及作为一个整体的这些系统后续的定量与预测模型将为导入新型酶和途径至底盘提供依据，并为生产大量新的化合物提供基础。

随着对工业相关的底盘的认识不断加深，用于操作生物基因组的新工具变得尤为重要。这主要是由于转化的局限性，以及在研究中的不同底盘的宽度将需要通用的机制用于进行位点特异性的基因修饰。就这一点而言，CRISPR 衍生系统的不断创新有望变革对许多生物体的修饰，包括与化学品生产相关的生物体，通过催化失活可编程的核糖核蛋白如 dCas9[120] 进行有针对性的基因组编辑或单个途径的调节。此外，还有其他一些可编辑的位点特异性修饰系统，包括 Targetrons[121]、TALENS[122] 和锌指结构核酸内切酶[123]，所有这些系统的修饰通常以特定位点基因插入或基因突变及基因缺失的形式实现。总的来说，这些领域的持续进步扩大了 MAGE[124] 等方法的所及范围，其中在整个有机体基因组中存在功能的迭代优化。

与这些方法相比，许多合成生物学家都把注意力放在开发能操作现有基因组的正交系统上。这些正交系统可能表现为非常大的具有其自身的复制、转录和翻译能力及内部可编程调节和代谢途径的可编程子系统。实质上，拥有这些特征的附加体(episome)可能是亚基因组，可直接指导自身功能，并重新定向宿主的基因组至所需的功能，如产生特定代谢物或化合物。为了促进新一代可编程自给式附加体的开发，可能需要复兴质粒和附加体生物学。合成生物学的确可为这一领域提供远超调节或代谢的模块。在未来，应该采取标准化和正交的起点、聚合酶、催化剂、核糖体和编码氨基酸的生物合成与装载能力的工具箱，并为任何种类的工业相关细菌创建定制附加体。添加 CRISPR 或其他元件可以使这些亚基因组控制系统更精确地控制宿主的表达。

随着位点特异性基因组工程或将亚基因组控制系统引入附加体的研究工作的开展，工程底盘的稳定性将会变得尤为重要。大多数生物体的进化都不是为了大量生产代谢物或化合物，而是以生长和存活为主要目的。为人类目标而重新定向代谢通量往往与其进化方向相背离。因此，要么必须大大减少突变率和遗传改变，要么工程生物体或附加体必须进化得更加强健，即使在多个突变的情况下也能保留其功能。例如，工程蛋白质可耐受多个氨基酸置换，从而可能存在于大型的中性适应度景观(fitness landscape)，极大地延缓了功能丧失。当这些蛋白质在缓慢进化的底盘(含有能在结合之前移除核苷酸变异体的移除抗突变因子聚合酶或能在靶标结合之前去除核苷酸修饰的酶)中表达时，可减慢进化速度以致其不再是生物合成产品的工业生命周期需要考虑的因素。

矛盾的是，在底盘进化轨迹变得稳定之前，适用于整个生物体的定向进化法会变得越来越重要。由于系统生物学方法为各种生物体的代谢和调节工程提供了越来越多优秀的"路线图"，因此划定哪些途径、基因座或调节网络是定向进化的重点。在过去，通过随机化学诱变进行的菌株改良是获得生产菌株的主要方式。如今，用于修饰生物体基因组的随机法或半随机法与上文所述的精心设计的选择或高通量的筛选将允许生物体进入更具生产力的状态。尤其是用于操纵生物体基因组的上述序列指导方法，对基于模型的操纵和定向进化更有效。这些方法包括重组基因库(在 MAGE 中有所体现)和 Cas9/dCas9 文库。另外，这些方法都存在一个问题，即由于它们主要靶向大肠杆菌平台，因此对非标准实验室菌株，尤其是那些对生产极为重要的菌株的效用是有限的。这就需要这些工具能适应新生物体，可通过开发广泛用于水平转移的上述附加体来实现。在此范例中，用于位点特异性或随机修饰的工具和文库最初可在易控制的底盘(如大肠杆菌)中产生，之后就会通过水平转移进入新的宿主发挥作用。

目前的基因设计仅限于十几个基因，但基因组却包含成千上万个基因，且许多生物学潜在产品都需要大量的可调节基因。同样，随着所需产品变得越来越复杂，这也需要我们将设计能力提高至相应水平。这就需要涉及数十个基因的途径设计，以共同生产所需产品。此外，还必须整合更广泛的细胞代谢和细胞功能，如参与营养物和原料获得(如纤维素酶和固氮作用)、前体细胞的分泌和输入，以及应激响应相关功能。这些功能作为构建产品或协调响应的一部分时需要条件或顺序的精确定时。这就需要建立对细胞中自然调节网络复杂性的合成调节的能力。所有这些基因都会使宿主的资源负荷过重，这就需要对如何配置细胞机器进行更深入的了解。总的来说，这些设计都需要组合数以百计的 DNA 元件，并能预测它们将如何协同工作。所有这些考虑都会被整合到未来的计算机辅助设计程序包中，以有利于大型基因工程项目的管理。实际上，生物体在工业生物技术领域的主要任务就是被驯化成合适的底盘生物，像现在的大肠杆菌那样。

### 主要结论

**结论**：微生物底盘和代谢途径的快速有效发展依赖于基础科学和使能技术的不断进步。

**结论**：扩展用于生物制造的工程微生物及无细胞平台的种类对于扩展生物基原料和化学品的种类而言非常关键。

**结论**：设计、创造和培养鲁棒性强的菌株，使其用于多种原料与产品，并保持遗传稳定性和催化时间稳定性，将会降低生物制造利用和放大过程中的成本。

### 路线图目标

- 2 年内除已构建的模式微生物(如大肠杆菌和酿酒酵母)外，实现驯化(包括大于 1%的转化能力、基因和基因组修饰工具等)5 种不同表型的微生物类型。
- 5 年内再驯化 10 种或更多与工业相关的难驯化的微生物类型，并获得能在 3 个月内驯化其他任何微生物类型的能力。
- 7 年内获得能在 6 周内驯化任何新型微生物类型的能力。
- 7 年内获取一系列已驯化的生物体(包括无细胞系统)，可在各种过程条件下利用不同的原料高产率和高生产强度地生产化学品，同时在生产过程中保持较好的工业适应性。

## 测试与测量

设计和进化元件、基因回路的能力对改进合成生物学的实践具有根本的重要性，但开发用于衡量实验结果的改进方法可能对此有更大的影响。设计和进化可提供需要频繁优化的基本回路。设计工具的改良可减少待测试基因回路的数量，也可提升基因回路的整体质量，但简单的定向进化可对更多的突变体针对改良功能进行筛选和选择。但无论在哪种情况下，开发的工具都未能解决全部问题；它们很可能会继续运行良好，但落后于正在探索的序列空间规模。

通过启用创造和持续改进上述设计方法所需的基础数据，测量技术将在随后工程生物学的出现、实践和发展方面扮演着极其重要的角色。DNA、RNA、蛋白质、代谢物、其化学和结构变体及其相互作用的综合测量实现了分子细胞生物学知识和方法的进步，使我们的能力和理解水平达到现有高度。反过来，新的知识和技术进步也会刺激新问题和未满足要求的测量，这些问题必须得到处理，才能实现工程生物学在未来的高效发展。测量技术的创新有助于"设计-构建-测试-总结"循环，能改善预见性设计的质量，拓宽定向进化的范围，支持制造业发展和过程控制，推广各种标准要求，提高管理决策水平，并确保操作安全。

测量技术的许多进步都是由医学应用驱动的。经过修改和拓展，这些进步也能服务于工程生物学。以特定应用方式创造性地扩展这些测量技术以满足工程生物学的需求将是非常有价值的。

生物医学研究激发测量方法变革的同时又促成了生物工程的飞跃式发展，如核酸测序。如今，现有实践很好地与"设计-构建-测试-总结"循环的多个部分相结合，而离开这个循环，当前实践将无法想象。制备 DNA 构建体、转化基因组的结构和稳定性表征、基因组变化对表达的转录本的影响定量、调节因子行为的说明及基于核酸测序的基因组变化伴随的表型鉴定等先进方法都是相当普遍的。然而，仍然可通过以下措施来进一步有效发展高通量测序技术：降低出错率以匹配 DNA 合成极低且越来越低的错误率；提高其描述大规模结构重组的能力（复杂、精确和大规模的基因组工程越来越普遍）；在无需改变通量的条件下提升其对单细胞的灵敏度，以更好地识别在众多细胞中异质性的表现和影响。此外，还可通过生物医学研究人员和从事复杂疾病（如癌症）治疗的临床医生改进出错率、读长和灵敏度。然而，关于通量、数据质量、数据分析方法、样品制备和互补法的结论整合的要求截然不同，这就导致了所需进展与最佳实践之间的偏差。上述差异已经造成了在完全不同领域中的平台分割。例如，一些前沿的单分子测序平台迄今为止在微生物界的研究中发挥的效用比在哺乳动物系统的研究中更大。

新一代测序技术（NGS）的卓越功效使其成为许多不同类型测量的理想技术，而不仅仅是测序基因组、构建体和测量 RNA 表达水平。蛋白质和其他分析物都能被转换成核酸，从这个程度来讲，可使用 NGS 来简化极其复杂的混合物。例如，带单分子 DNA 标签的抗体库可用于确定细胞表面或裂解物中蛋白质的状态与数量。此外，还可设想基于配体依赖性核酸构象改变的小分子转导方案。可通过使用类似的方法观察蛋白质的修饰状态和表观遗传标签。同时，这些测量也存在缺陷，即它们并不是实时的，在转导过程中可能会损失分辨率。

　　分子感知、分子识别和细胞信号传送构成了一组多样化的基本生物进程。相应地，也存在一组多样化应对环境或内部细胞状态的工程响应的设计选项。可通过模块方法在感知过程中的成功进一步增加灵活性，使被感知物的范围更广，结果更多样化。与设计细胞基因回路的结合提供了更多关于控制、存储、逻辑操作和多路复用技术的选择。为微生物创建情景依赖的传感器是获得亚细胞测量数据的潜在途径，而不受它们体积小的限制。总的来说，这些现象可用于帮助调试正在开发的生命系统，向活细胞提供反馈，或作为用于研究、生产、诊断或环境监测体外测量方案中的子系统。在某些情况下，生物传感器系统可在体外运行，从而被导入溶液中或载体上的无细胞系统。相反地，先进的无细胞系统可用于生物传感器在进入体内之前的调试。如果能克服技术上的挑战，生物传感器促成单个工程细胞或整个工程细胞群的快速、低成本、高通量测试的场景将更加可期。

　　除了测序，还有许多测量方法可用于评估给定基因回路的性能。对工程生物学和阐明人类生物学极为重要的测量领域是代谢组学。化学工业对于基于新生物学的产品生产路线的关注主要集中在代谢产物生产方面。可能再没有比"代谢工程"更适合的术语来说明对新生物体进行传统开发以获得更好的工业生物过程的这一专业领域。因此，使代谢产物测量满足生物工程利益和需求已有很长的发展历史。例如，目前已经存在多种多样的实验室分析方法和数据分析方法用于确定与观察代谢产物生产和修饰的途径。由于向创建微生物中化学反应相关的定量模型发展的可行性，在这个领域中建模与测量之间存在极为密切的关系。也就是说，建模与测量应该共同发展、相互促进。尽管如此，最普遍的代谢物测量方案进展太慢，以至于无法实现获得信息的潜能，而高通量方法要求根据具体问题进行专门的优化。此外，蛋白质组测量也是如此，对代谢物进行更快且可概括的分析将大大促进研究和相关模型的建立，这些模型应以阐明整个工程周期的优先步骤的形式概括结论。同样，在无需改变通量的条件下，提高对单细胞水平的测量灵敏度相当重要。尽管人类生物学的重要方面也将随着高通量代谢组学的出现而大大推进，但仍然存在需求上的偏差，主要是因为工业相关微生物和人类生物学研究之间在模型范围、优先验证信息和复杂性方面存在差别。

　　同时，广泛应用的测量平台也为生物工程师所用，合成生物学也促成了新的测量范式的产生，特别适合工程生物学的需求。基因回路可以很容易地与易观察的报告基因相连接，如绿色荧光蛋白。已经开发的高通量设备和方法（如平板读数器或荧光激活细胞分选技术）可用于性能分析。未来，可更大规模测量的其他报告基因和分析方法的开发将非常有价值。鉴于体内测量、基因操作、调节过程干预、对分子中间体的干扰（如已表达的 RNA 转录物）和化学信号诱导的变异都已经是长期用于产生和验证分子生物学假说的工具，工程生物学为针对实用目的改变生物体带来了希望，包括开发用于分子和生物体水平读数、反馈和控制的生物传感器测量装置。

此外，由于基因回路变得日益复杂，需要增加可并行测量的不同参数的数量，如多个基因的表达或多个代谢物的产生。这将为开发分析整个生物体或复合物的更高通量的方法(如质谱分析法或核磁共振)提供依据。在微型化、微流体学和纳米流体学、光子学、核酸合成化学和数据分析方面已有的基础技术可促进测量方案朝着预期发展。度量和材料标准将促进最佳方法的集中与部署，同时确保实验室、制造基地与各机构之间的可重复性和可转移性。

开发评估合成基因回路的分析方法还需确保进行的测量能准确反映给定生物体在工业环境中的性能。在实验室进行基因回路优化用处不大。小型发酵罐中很难进行高通量实验。因此，合理理解生物体代谢从实验台转移到测试床生产的数据变化十分重要。这反过来也需要用于基因表达和代谢的系统建模工具与分析方法的进一步结合。各种条件下进行的给定底盘或基因回路基准实验结果需要与不同发酵条件下补料分批过程的类似结果进行比较，以便开发预测扩大底盘或基因回路如何干扰初始读数和最终性能的反馈回路。

**主要结论**

**结论：**快速、常规化、可再生地测量代谢途径功能和细胞生理学特性，将会推动发展全新的酶与代谢途径，从而增加高效率低成本的生物基化学品转化路径。

**结论：**测量技术成本的降低和通量的增加应当伴随菌种基因工程技术的发展，反之亦然。

**路线图目标**

- 4 年内完成常规和可重复测量核酸、蛋白质和代谢物的能力建设，以在一周内表征 2000 菌株的 50 项或更多高优先级可选择的模型参数及测量 200 菌株的 1000 项或更多参数，且成本不超过设计和构建这些菌株所需的总成本。
- 10 年内能够以上述相同的成本及速度常规和可重复地测量体内 50 项或更多高优先级可选择的模型参数。

# 5 建议：如何定义和实现成功？

本报告描述了当前化学品制造过程的流程，并探讨了生物过程在化学品制造中广泛应用的前景。发展生物工业化将给化学品制造商和消费者带来多种益处，主要体现在成本降低、生产速度提高、生产设施的灵活性增强和产能增加。如第2章所述，将生物过程用于化学品制造有助于减少有毒副产品的产生、降低温室气体排放，并减少化工生产过程中的化石燃料消耗，可帮助应对在能源、气候变化、可持续和高效的农业及环境可持续性的全球挑战。

实现可持续和更高效的生物工业化带来的巨大效益需要多个利益相关方的不懈努力。本章旨在为促进路线图目标（见第4章）实现的特定利益相关者提供了几点建议。

此外，鉴于社会因素在生物工业化可持续发展中扮演重要角色，本章针对其所涉及的经济影响、教育和培训问题及促进生物工业化发展的监管保障提出了建议。本章讨论了这些社会因素，并提供了若干建议以促进与生物工业化相关的关键社会目标的实现。

为了快速实现生物工业化，需要做到以下几点：①根据技术与经济准则及监管标准内的社会效益选择有益的化学品、材料和燃料产品目标；②发展更宽泛更深入的科学认知以支持生物工业化；③与受该行业发展影响的广大公众保持沟通。本章提出的建议旨在解决上述三个问题，最终实现的发展愿景是利用生物合成和生物工程开展化学品制造的水平与利用化学合成和化学工程的生产水平相当。

## 成 功 之 道

可持续和更高效的生物工业化带来的巨大效益只有通过多个利益相关方不懈努力才能实现。在财政逐渐紧缩、技术日益复杂和监管体系不完善的时代，此目标变得更加具有挑战性。为了达成任务描述中的目标，委员会根据对现有技术、市场与社会因素的考虑制定了这份路线图。任何路线图的准确性都局限于某一时间段。在飞速发展的领域中，路线图只有不断更新才能保持有效。因此，委员会认为有必要为正在进行的路线图规划建立一套更新机制。

近来，英国成立了合成生物学领导委员会（SBLC），旨在实现英国"合成生物学路线图"的关键目标。英国的合成生物学领导委员会代表来自多个利益相关群体，包括政府、学术界和工业界。2012 年，英国研究理事会召集了一个协调小组督促创建英国"合成生物学路线图"。随后，英国政府将合成生物学领导委员会任命为指导性的组织管理机构，主要职责是围绕路线图在英国的实施开展进展评估、建议更新和优先项发展等。合成生物学领导委员会为基金资助机构、研究团体、工业界、政府赞助者和其他利益相关方(包括社会和伦理代表)之间的战略协调提供了有力支撑。

美国合成生物学工程研究中心(SynBERC)是一个多学科研究中心，于 2006 年在美国国家科学基金会(NSF)资助下成立，旨在为美国合成生物学发展奠定基础。如今，已有 18 家机构参与了该研究中心的工作。SynBERC 还增加了近 50 家的工业合作伙伴。其职责并不涉及路线图规划，而是聚焦于合成生物学所需的基础科学与技术及能力建设和公众参与。SynBERC 是路线图规划工作的一个潜在模型。

另一技术领域的路线图规划的成功例子是美国半导体制造技术联盟(Sematech)，作为美国政府和美国半导体产业组成的联盟，其部分启动资金来自于美国国防部高级研究计划局(DARPA)，已成立近 30 年。其主要功能之一是维护半导体技术路线图。自成立以来，Sematech 已经演变成了一个全球产业联盟，资金完全由其成员提供。

**委员会建议相关政府机构考虑建立一套持续的路线图规划机制，为技术开发、转化和大规模商业化提供指导。**此项规划工作应把公众研究和私人研究的参与者及拥有生物工业化所需的所有技能的参与者聚集起来。除了持续更新路线图，这项工作还有助于加快发展所需的知识、工具和数据共享。众所周知，许多运行良好的过程和组织已经能满足生物工业化的需求，建议的路线图规划不会打乱现有格局，而是有助于这些活动与其他元素之间的协调。路线图规划的成功还有助于解决各种必须克服的艰难的核心技术挑战。同时，也有助于制定、共享和传播具有可互操作性的共同标准、语言和度量单位。此外，路线图规划还有助于创建新的使能工具或数据。

相关领域的路线图和联盟的经验教训表明，精心设计与执行的战略进程能促进形成发展时间框架，帮助确定优先选择目标，并让工业化变得越来越透明、可靠和可及。

委员会承认任何关于路线图规划过程的决策都在相关的联邦机构的职权范围内。基于英国的经验，路线图有望在 2 年内开始发挥作用。5 年内，相关成果可极大地提升美国在大规模化学品制造生物过程中的能力。10 年内，生物过程作为化学品经济、先进制造和美国在生物经济中竞争力的核心基础将会被广泛地认识与接受。

# 技术需求和路线图

第 4 章提出了原料、化学转化、生物体与途径设计的关键技术里程碑和路线图目标（见**图 S-1**）及测量技术。实现这些里程碑需要可预见的和一贯的投资来发展科学知识及开发技术工具。

**结论**：化学品的生物制造已成为国家经济的重要组成部分，并将在未来 10 年内快速成长。生物制造化学品的规模和范围都将进一步扩大，其中包含高值和大宗化学品。报告中提到的领域的进步将会为提升生物技术在国家经济中的贡献发挥重要的作用。

**建议**：**为了通过商业实体开发新的生物制造过程，从而转变工业生物技术的发展步伐，美国国家科学基金会、美国能源部、美国国立卫生研究院、美国国家标准与技术研究所、美国国防部及其他相关机构应为推进和整合原料、生物底盘和途径开发、发酵和过程等各领域所需的科学研究和基础技术提供支持。**

支持这些领域的基础研究对提高用于化学品制造的生物过程的商业可行性非常关键。具体来说，建议相关机构重点支持下列研究：

- 提升原料的经济可行性与环境可持续性；
- 提升生物原料的可用性、可靠性和可持续性将扩大经济可行的生物基产品的范围，提供更为可预期的原料水平与质量，克服化学品生物制造的障碍；
- 由于美国天然气的可用性日益增加，应提升对单碳发酵的认知；
- 改进质量和热传递、连续产物回收，或更广泛地利用共培养、共底物、多产物联产等方式提高发酵过程的生产率；持续发展并快速有效地开发底盘细胞和代谢途径方面的基础科学和使能技术；
- 扩展用于生物制造的工程微生物及无细胞平台的种类；
- 设计、创造和培养工业适应性强的菌株，使其用于多种原料与产品并保持遗传稳定性和催化时间稳定性；
- 构建快速开发具有催化活性和特殊活性的酶的能力；
- 快速、常规化、可再生地测量代谢途径功能和细胞生理学特性。

以上建议并未详尽，仅强调了那些与技术路线图目标最直接相关的领域。

# 非技术观点与社会关注点

## 经济

应对生物工业化在科学与技术方面的挑战对实现潜在利益非常有必要，但需确保这些效益快速积累且产生最大的积极影响，这就需要准确分析评估生物基生产在经济中发挥的作用。培养在经济发展趋势预测、经济影响评估和分析生物基产品经济作用方面的能力有助于帮助生物工业化的所有利益相关者作出更好的决策。

**建议：美国政府应当定期定量测度生物基产品的制造对美国经济的贡献，并建立对这种经济影响进行预测和评估的方法。**

改进对生物基生产影响的量化评估对各利益相关者来说相当重要，这些衡量会直接影响决策者和商业领袖：决策者可以更好地制定预算和资助项目；商业领袖可以更好地判断市场规模和走向。通过评估该领域的经济活动，利益相关者将作出更明确的决策，从而显著提高效率。

## 教育与人力

生物工业化将创造新型就业结构，按需发展行业新技能，并促进生物学、化学、工程和计算机技术领域新的专业知识的发展。变化的人力需求对教育和培训的转变提出了要求。

**建议：工业生物技术企业应当主动或通过产业组织加强与各级学术界的伙伴关系，包括社区学院、大学和研究生院等，以沟通技术革新需求与实践办法作为学术指导。**

如没有学术界和产业界之间的交流与合作，学术界所掌握的技能则无法用于产业。对技术人员、学科专家和生物设计师制定平衡的培训组合非常重要，但这只有通过行业界和学术机构的积极参与才可能实现。上述合作框架可能成为促进各方联系的一种模式。

为学生提供体验工业实验室环境的机会对学生和未来的雇主来说十分有益。为大规模生产制订计划的能力及将重大科学成果变成真实有用的产品的技能是目前和未来化学品制造业所迫切需要的。为确保学生获得在学术和产业环境中发挥作用的能力，需要学术界和产业界共同积极参与。

生物学在美国化学品制造业中已经扮演了十分重要的角色。利用生物过程的化学品制造商可帮助培养未来化学品制造业结构所需的人才。通过鼓励准备进军此新兴领域的熟练人员参与培训，学生和受训者在其学术生涯早期就有机会探索这一领域。

**建议：政府机构、学术界和企业界应当设计和支持原创行动，以扩大学生参与高通量模式和产业规模下"设计-构建-测试-总结"范式的实习机会。**

行业需求和使能工具正处于飞速变化的状态。超大规模和广泛自动化的化学品生产与已有的学术经验截然不同。大学与产业间的合作关系使学生和受训者有机会接触产业的关注点、技术和需求，这将有助于培养更适合新经济环境的人才。

## 监管

发展生物学工业化需要一个既能实现重要经济价值又能平衡关键社会目标的监管框架。为了实现这一目标，监管框架应涉及多种政策途径，包括对行业人员的教育及通过制定行业标准与认证、制定政府标准和条例、公众参与和公众监督、侵权责任机制、制定安全标准和控制办法等其他机制来实现行业自治。

安全性、可持续性和弹性是任一监管框架的关键目标，这些理念之间有时会发生冲突，因此所有监管系统之间或内部必须能够相互平衡。为了使监管框架的法律效力获得公众和行业的认同，其必须公正、透明、高效且包容各类观点。

**建议：行政监管应当确保美国环境保护署(EPA)、商务部(DOC)、食品药品管理局(FDA)、国家标准与技术研究所(NIST)及其他相关机构合作开展广泛评估和定期评价，同时确保监管手段的充分性，不仅限于现有法规，还应指出产业界、学术界和公众能够致力于或参与监管的地方。**

**建议：科研资助机构和科学政策官员应当扩展现有的相关管理办法，加强国家间的协调合作和公众参与，以确保为负责任的创新活动提供更多支持。**

政府部门之间的协调与对透明度、公众贡献和公众参与的承诺有助于促成监管框架的可操作性和合法性，并实现对公众利益来说至关重要的社会目标。

此外，所建立的监管框架还必须具备收集和处理新技术及新产品带来的风险信息的能力。

**建议：EPA、USDA、FDA 和 NIST 等政府机构应建立有关项目，研究工业生物技术方面的事实标准和风险评估办法，将这些标准和评估方法用于政府管理制度的评价及更新。**

# 结　束　语

生物工业化为解决全球利益和美国的国家利益带来了希望。提出的建议旨在促进路线图目标的实现，最终克服委员会提出的挑战：通过使生物合成和工程达到与化学合成和工程相同的水平，最终使生物经济的国内生产总值翻一番。此外，还需注意以下建议的紧迫性：如今科学、技术、环境和经济方面都已显现机会，为生物工业化的快速发展创造了有利条件。发展生物工业用于加速化学品的先进制造将需要新工具、新知识和新的金融机制。同时，这也将为下一代美国制造业创造新的投资机会和新的生物学系统设计平台，提高竞争力和提供高薪就业机会。

# 参 考 文 献

1. *National Bioeconomy Blueprint*; The White House: Washington, DC, 2012.
2. (a) Carlson, R. Synthesis. The U.S. Bioeconomy in 2012 Reached $350 Billion in Revenues, or About 2.5% of GDP. http://www.synthesis.cc/2014/01/the-us-bioeconomy-in-2012.html (accessed July 18, 2014); (b) Solomon, D. Industrial Views on Synthetic Biology. Presented at Tooling the U.S. Bioeconomy: Synthetic Biology Conference, Washington, DC, November 5, 2013. ACS Science & the Congress Project, 2013.
3. Cha, A. E. Companies Rush to Build 'Biofactories' for Medicines, Flavorings and Fuels. *The Washington Post*, October 24, 2013. http://www.washingtonpost.com/national/health-science/companies-rush-to-build-biofactories-for-medicines-flavorings-and-fuels/2013/10/24/f439dc3a-3032-11e3-8906-3daa2bcde110_story.html (accessed December 2, 2014)
4. Golden, J. S.; Handfield, R. B. *Why Biobased? Opportunities in the Emerging Bioeconomy*; U. S. Department of Agriculture: Washington, DC, 2014.
5. (a) Kosuri, S.; Church, G. M. Large-scale de novo DNA synthesis: technologies and applications. *Nat. Methods* **2014**, *11(5)*, 499-507; (b) Carlson, R. The Pace and Proliferation of Biological Technologies. *Biosecurity and Bioterrorism* **2003**, *1(3)*, 203-14.
6. National Human Genome Research Institute. The Human Genome Project Completion: Frequently Asked Questions. http://www.genome.gov/11006943 (accessed February 2, 2015).
7. (a) 1000 Genomes Project Consortium. An Integrated Map of Genetic Variation from 1,092 Human Genomes. *Nature* **2012**, *491(7422)*, 56-65; (b) Clark, L. Illumina Announces Landmark $1,000 Human Genome Sequencing. http://www.wired.co.uk/news/archive/2014-01/15/1000-dollar-genome (accessed December 30, 2014).
8. (a) Benson, D. A.; Karsch-Mizrachi, I.; Lipman, D. J.; Ostell, J.; Wheeler, D. L. GenBank. *Nucleic Acids Res.* **2008**, *36(Database Issue)*, D25-30; (b) Benson, D. A.; Karsch-Mizrachi, I.; Lipman, D. J.; Ostell, J.; Sayers, E. W. GenBank. *Nucleic Acids Res.* **2009**, *37(Database Issue)*, D26-31.
9. Wang, H. H.; Isaacs, F. J.; Carr, P. A.; Sun, Z. Z.; Xu, G.; Forest, C. R.; Church, G. M. Programming cells by multiplex genome engineering and accelerated evolution. *Nature* **2009**, *460(7257)*, 894-8.
10. Haurwitz, R. E.; Jinek, M.; Wiedenheft, B.; Zhou, K.; Doudna, J. A. Sequence- and Structure-Specific RNA Processing by a CRISPR Endonuclease. *Science* **2010**, *329(5997)*, 1355-8.
11. (a) Ladisch, M. The Role of Bioprocess Engineering in Biotechnology. *The Bridge* **2004**, *34(3)*, 26-32; (b) Mosier, N. S.; Ladisch, M. R. Biotechnology. In *Modern Biotechnology: Connecting Innovations in Microbiology and Biochemistry to Engineering Fundamentals*; John Wiley & Sons: Hoboken, NJ, 2011; pp 1-25.
12. OECD (Organisation for Economic Co-operation and Development). *The Application of Biotechnology to Industrial Sustainability*; OECD Publishing: France, 2001.
13. National Research Council. *A New Biology for the 21st Century*; The National Academies Press: Washington, DC, 2009.
14. Obama, B. Remarks by the President on the Economy in Osawatomie, Kansas. http://www.whitehouse.gov/the-press-office/2011/12/06/remarks-president-economy-osawatomie-kansas (accessed December 20, 2014).
15. Merriam-Webster. Biotechnology in *Merriam-Webster*. http://www.merriam-webster.com/dictionary/biotechnology (accessed February 3, 2015).

16. Merriam-Webster. Genetic Engineering in *Merriam Webster*. http://www.merriam-webster.com/dictionary/genetic%20engineering (accessed February 3, 2015).

17. UK Synthetic Biology Roadmap Coordination Group. A Synthetic Biology Roadmap for the UK; Technology Strategy Board: Swindon, Wiltshire, 2012.

18. Mutalik, V. K.; Guimaraes, J. C.; Cambray, G.; Lam, C.; Christoffersen, M. J.; Mai, Q. A.; Tran, A. B.; Paull, M.; Keasling, J. D.; Arkin, A. P.; Endy, D. Precise and Reliable Gene Expression via Standard Transcription and Translation Initiation Elements. *Nat. Methods* **2013**, *10(4)*, 354-60.

19. The European Commission. *The European Bioeconomy in 2030: Delivering Sustainable Growth by Addressing the Grand Societal Challenges*, 2012. http://www.epsoweb.org/file/560 (accessed January 12, 2015).

20. de Jong, E.; Higson, A.; Walsh, P.; Wellisch, M. *Bio-based Chemicals Value Added Products from Biorefineries* [online]; IEA Bioenergy: Wageningen, The Netherlands, 2012. http://www.ieabioenergy.com/wp-content/uploads/2013/10/Task-42-Biobased-Chemicals-value-added-products-from-biorefineries.pdf (accessed December 12, 2014).

21. (a) OECD. *Industrial Biotechnology and Climate Change: Opportunities and Challenges* [online]; OECD Publishing: 2011. http://www.oecd.org/sti/biotech/49024032.pdf (accessed December 11, 2014); (b) OECD. *Emerging Policy Issues in Synthetic Biology* [online]; OECD Publishing, 2014. http://dx.doi.org/10.1787/9789264208421-en (accessed December 11, 2014).

22. OECD. *The Bioeconomy to 2030: Designing a Policy Agenda*; OECD Publishing, 2009.

23. Palsson, B. Cell Factory Design. Presented at Workshop on the Industrialization of Biology, May 28, 2014.

24. BCC Research. *Synthetic Biology: Global Markets*; BCC Research: Wellesley, MA, 2014.

25. Milken Institute. *Unleashing the Power of the Bio-Economy*; Milken Institute: Santa Monica, CA, 2013.

26. McKinsey Global Institute. *Disruptive Technologies: Advances that Will Transform Life, Business, and the Global Economy*; McKinsey & Company: Washington, DC, 2013.

27. Kelley, N. J.; Whelan, D. J.; Kerr, E.; Apel, A.; Beliveau, R.; Scanlon, R. Engineering Biology to Address Global Problems: Synthetic Biology Markets, Needs, and Applications. *Ind. Biotechnol.* **2014**, *10(3)*, 140-9.

28. MIT (Massachusetts Institute of Technology). *The Third Revolution: The Convergence of the Life Sciences, Physical Sciences, and Engineering* [online]; MIT Washington Office: Washington, DC, 2011. http://dc.mit.edu/sites/dc.mit.edu/files/MIT%20White%20Paper%20on%20Convergence.pdf (accessed December 4, 2014).

29. AAAS (American Academy of Arts and Sciences). ARISE II: Unleashing America's Research & Innovation Enterprise [online]; AAAS: Washington, DC, 2013. https://www.amacad.org/multimedia/pdfs/publications/researchpapersmonographs/arise2.pdf (accessed October 10, 2014).

30. Kopchik, K. Bucknell Forum: Designer Neri Oxman to Speak Tonight. The Bucknellian, 2010.

31. OECD. Emerging Policy Issues in Synthetic Biology [online]; OECD Publishing, 2014. http://dx.doi.org/10.1787/9789264208421-en (accessed December 11, 2014).

32. Serger, S. S.; Breidne, M. China's Fifteen-Year Plan for Science and Technology: An Assessment. *Asia Pol'y* **2007**, *4(1)*, 135-64.

33. (a) Kodumal, S. J.; Patel, K. G.; Reid, R.; Menzella, H. G.; Welch, M.; Santi, D. V. Total synthesis of long DNA sequences: Synthesis of a contiguous 32-kb polyketide synthase gene cluster. *Proc. Natl. Acad. Sci. U. S. A.* **2004**, *101(44)*, 15573-8; (b) Bayer, T. S.; Widmaier, D. M.; Temme, K.; Mirsky, E. A.; Santi, D. V.; Voigt, C. A. Synthesis of Methyl Halides from Biomass Using Engineered Microbes. *J. Am. Chem. Soc.* **2009**, *131(18)*, 6508-15.

34. (a) Gibson, D. G.; Glass, J. I.; Lartigue, C.; Noskov, V. N.; Chuang, R.-Y.; Algire, M. A.; Benders, G. A.; Montague, M. G.; Ma, L.; Moodie, M. M.; Merryman, C.; Vashee, S.; Krishnakumar, R.; Assad-Garcia, N.; Andrews-Pfannkoch, C.; Denisova, E. A.; Young, L.; Qi, Z.-Q.; Segall-Shapiro, T. H.; Calvey, C. H.; Parmar, P. P.; Hutchison, C. A.; Smith,

H. O.; Venter, J. C. Creation of a Bacterial Cell Controlled by a Chemically Synthesized Genome. *Science* **2010**, *329(5987)*, 52-56; (b) Annaluru, N.; Muller, H.; Mitchell, L. A.; Ramalingam, S.; Stracquadanio, G.; Richardson, S. M.; Dymond, J. S.; Kuang, Z.; Scheifele, L. Z.; Cooper, E. M.; Cai, Y.; Zeller, K.; Agmon, N.; Han, J. S.; Hadjithomas, M.; Tullman, J.; Caravelli, K.; Cirelli, K.; Guo, Z.; London, V.; Yeluru, A.; Murugan, S.; Kandavelou, K.; Agier, N.; Fischer, G.; Yang, K.; Martin, J. A.; Bilgel, M.; Bohutski, P.; Boulier, K. M.; Capaldo, B. J.; Chang, J.; Charoen, K.; Choi, W. J.; Deng, P.; DiCarlo, J. E.; Doong, J.; Dunn, J.; Feinberg, J. I.; Fernandez, C.; Floria, C. E.; Gladowski, D.; Hadidi, P.; Ishizuka, I.; Jabbari, J.; Lau, C. Y.; Lee, P. A.; Li, S.; Lin, D.; Linder, M. E.; Ling, J.; Liu, J.; Liu, J.; London, M.; Ma, H.; Mao, J.; McDade, J. E.; McMillan, A.; Moore, A. M.; Oh, W. C.; Ouyang, Y.; Patel, R.; Paul, M.; Paulsen, L. C.; Qiu, J.; Rhee, A.; Rubashkin, M. G.; Soh, I. Y.; Sotuyo, N. E.; Srinivas, V.; Suarez, A.; Wong, A.; Wong, R.; Xie, W. R.; Xu, Y.; Yu, A. T.; Koszul, R.; Bader, J. S.; Boeke, J. D.; Chandrasegaran, S. Total Synthesis of a Functional Designer Eukaryotic Chromosome. *Science* **2014**, *344(6179)*, 55-8.

35. Nielsen, A. A. K.; Segall-Shapiro, T. H.; Voigt, C. A. Advances in Genetic Circuit Design: Novel Biochemistries, Deep Part Mining, and Precision Gene Expression. *Curr. Opin. Chem. Biol.* **2013**, *17(6)*, 878-92.

36. Hsu, P. D.; Scott, D. A.; Weinstein, J. A.; Ran, F. A.; Konermann, S.; Agarwala, V.; Li, Y.; Fine, E. J.; Wu, X.; Shalem, O.; Cradick, T. J.; Marraffini, L. A.; Bao, G.; Zhang, F. DNA targeting specificity of RNA-guided Cas9 nucleases. *Nat. Biotechnol.* **2013**, *31(9)*, 827-32.

37. (a) Becker, S. A.; Feist, A. M.; Mo, M. L.; Hannum, G.; Palsson, B. O.; Herrgard, M. J., Quantitative Prediction of Cellular Metabolism with Constraint-Based Models: the COBRA Toolbox. *Nat. Protoc.* **2007**, *2(3)*, 727-738; (b) Burgard, A. P.; Pharkya, P.; Maranas, C. D. Optknock: A Bilevel Programming Framework for Identifying Gene Knockout Strategies for Microbial Strain Optimization. *Biotechnology & Bioengineering* **2003**, *84(6)*, 647-57.

38. Smanski, M. J.; Bhatia, S.; Zhao, D.; Park, Y.; B A Woodruff, L.; Giannoukos, G.; Ciulla, D.; Busby, M.; Calderon, J.; Nicol, R.; Gordon, D. B.; Densmore, D.; Voigt, C. A. Functional Optimization of Gene Clusters by Combinatorial Design and Assembly. *Nat. Biotechnol.* **2014**, *32(12)*, 1241-9.

39. Brophy, J. A. N.; Voigt, C. A. Principles of Genetic Circuit Design. *Nat. Methods* **2014**, *11(5)*, 508-520.

40. Cardinale, S.; Arkin, A. P., Contextualizing Context for Synthetic Biology – Identifying Causes of Failure of Synthetic Biological Systems. *Biotechnol. J.* **2012**, *7(7)*, 856-66.

41. (a) Mutalik, V. K.; Guimaraes, J. C.; Cambray, G.; Lam, C.; Christoffersen, M. J.; Mai, Q. A.; Tran, A. B.; Paull, M.; Keasling, J. D.; Arkin, A. P.; Endy, D. Precise and reliable gene expression via standard transcription and translation initiation elements. *Nat. Methods* **2013**, *10(4)*, 354-60; (b) Baker, D.; Church, G.; Collins, J.; Endy, D.; Jacobson, J.; Keasling, J.; Modrich, P.; Smolke, C.; Weiss, R. Engineering Life: Building a FAB for Biology. *Sci. Am.* **2006**, *294(6)*, 44-51.

42. Galdzicki, M.; Clancy, K. P.; Oberortner, E.; Pocock, M.; Quinn, J. Y.; Rodriguez, C. A.; Roehner, N.; Wilson, M. L.; Adam, L.; Anderson, J. C.; Bartley, B. A.; Beal, J.; Chandran, D.; Chen, J.; Densmore, D.; Endy, D.; Grunberg, R.; Hallinan, J.; Hillson, N. J.; Johnson, J. D.; Kuchinsky, A.; Lux, M.; Misirli, G.; Peccoud, J.; Plahar, H. A.; Sirin, E.; Stan, G.-B.; Villalobos, A.; Wipat, A.; Gennari, J. H.; Myers, C. J.; Sauro, H. M. The Synthetic Biology Open Language (SBOL) Provides a Community Standard for Communicating Designs in Synthetic Biology. *Nat. Biotechnol.* **2014**, *32(6)*, 545-50.

43. (a) Donia, M. S.; Cimermancic, P.; Schulze, C. J.; Wieland Brown, L. C.; Martin, J.; Mitreva, M.; Clardy, J.; Linington, R. G.; Fischbach, M. A. A Systematic Analysis of Biosynthetic Gene Clusters in the Human Microbiome Reveals a Common Family of Antibiotics. *Cell* **2014**, *158(6)*, 1402-14; (b) Scharschmidt, T. C.; Fischbach, M. A. What Lives On Our Skin: Ecology, Genomics and Therapeutic Opportunities Of the Skin Microbiome. *Drug Discovery Today: Dis. Mech.* **2013**, 10(3-4), e83-9.

44. (a) Hatzimanikatis, V.; Li, C.; Ionita, J. A.; Henry, C. S.; Jankowski, M. D.; Broadbelt, L. J. Exploring the Diversity of Complex Metabolic Networks. *Bioinformatics* **2005**, *21(8)*,

1603-1609; (b) Li, C.; Henry, C. S.; Jankowski, M. D.; Ionita, J. A.; Hatzimanikatis, V.; Broadbelt, L. J. Computational Discovery of Biochemical Routes to Specialty Chemicals. *Chem. Eng. Sci.* **2004**, *59(22-23)*, 5051-60.

45. Srivastava, S.; Kotker, J.; Hamilton, S.; Ruan, P.; Tsui, J.; Anderson, J. C.; Bodik, R.; Seshia, S. A. In Pathway Synthesis Using the Act Ontology in Proceedings of the 4th International Workshop on Bio-Design Automation (IWBDA): San Francisco, CA, 2012.

46. Lu, T. K.; Khalil, A. S.; Collins, J. J. Next-generation synthetic gene networks. *Nat. Biotechnol.* **2009**, *27(12)*, 1139-50.

47. Zhang, F.; Carothers, J. M.; Keasling, J. D. Design of a Dynamic Sensor-Regulator System for Production of Chemicals and Fuels Derived from Fatty Acids. *Nat. Biotechnol.* **2012**, *30(4)*, 354-9.

48. Chen, A. Y.; Deng, Z.; Billings, A. N.; Seker, U. O. S.; Lu, Michelle Y.; Citorik, R. J.; Zakeri, B.; Lu, T. K. Synthesis and patterning of tunable multiscale materials with engineered cells. *Nat. Mater.* **2014**, *13(5)*, 515-23.

49. Bennett, J. W. The Time Line Adrenalin and cherry trees. *Mod. Drug Discovery* **2001**, *4*, 47-8.

50. Shuler, M. L.; Kargi, F. *Bioprocess Engineering: Basic Concepts*. Prentice Hall: Upper Saddle River, New Jersey, 2002.

51. Cohen, S. N.; Chang, A. C.; Boyer, H. W.; Helling, R. B. Construction of biologically functional bacterial plasmids in vitro. *Proc. Natl. Acad. Sci. U. S. A.* **1973**, *70(11)*, 3240-4.

52. Bailey, J. E. Toward a Science of Metabolic Engineering. *Science* **1991**, *252(5013)*, 1668-75.

53. Stephanopoulos, G.; Vallino, J. Network rigidity and metabolic engineering in metabolite overproduction. *Science* **1991**, *252(5013)*, 1675-81.

54. Bornscheuer, U. T.; Huisman, G. W.; Kazlauskas, R. J.; Lutz, S.; Moore, J. C.; Robins, K. Engineering the third wave of biocatalysis. *Nature* **2012**, *485(7397)*, 185-94.

55. Savile, C. K.; Janey, J. M.; Mundorff, E. C.; Moore, J. C.; Tam, S.; Jarvis, W. R.; Colbeck, J. C.; Krebber, A.; Fleitz, F. J.; Brands, J.; Devine, P. N.; Huisman, G. W.; Hughes, G. J. Biocatalytic Asymmetric Synthesis of Chiral Amines from Ketones Applied to Sitagliptin Manufacture. *Science* **2010**, *329(5989)*, 305-9.

56. WHO (World Health Organization). *World Malaria Report 2005*. UNICEF: Geneva, 2005.

57. (a) Korenromp, E. L.; Williams, B. G.; Gouws, E.; Dye, C.; Snow, R. W. Measurement of trends in childhood malaria mortality in Africa: an assessment of progress toward targets based on verbal autopsy. *Lancet Infect. Dis.* **2003**, *3(6)*, 349-358; (b) Marsh, K. Malaria disaster in Africa. The *Lancet* **1998**, *352(9132)*, 924.

58. Enserink, M. Source of New Hope Against Malaria is in Short Supply. *Science* **2005**, *307(5706)*, 33.

59. Schmid, G.; Hofheinz, W. Total Synthesis of Qinghaosu. *J. Am. Chem. Soc.* **1983**, *105(3)*, 624-5.

60. (a) Haynes, R. K.; Vonwiller, S. C. Cyclic peroxyacetal lactone, lactol and ether compounds. U.S. Patent 5,420,299, May 30, 1995; (b) Roth, R. J.; Acton, N., A simple conversion of artemisinic acid into artemisinin. *J. Nat. Prod.* **1989**, *52(5)*, 1183-5.

61. Paddon, C. J.; Westfall, P. J.; Pitera, D. J.; Benjamin, K.; Fisher, K.; McPhee, D.; Leavell, M. D.; Tai, A.; Main, A.; Eng, D.; Polichuk, D. R.; Teoh, K. H.; Reed, D. W.; Treynor, T.; Lenihan, J.; Fleck, M.; Bajad, S.; Dang, G.; Dengrove, D.; Diola, D.; Dorin, G.; Ellens, K. W.; Fickes, S.; Galazzo, J.; Gaucher, S. P.; Geistlinger, T.; Henry, R.; Hepp, M.; Horning, T.; Iqbal, T.; Jiang, H.; Kizer, L.; Lieu, B.; Melis, D.; Moss, N.; Regentin, R.; Secrest, S.; Tsuruta, H.; Vazquez, R.; Westblade, L. F.; Xu, L.; Yu, M.; Zhang, Y.; Zhao, L.; Lievense, J.; Covello, P. S.; Keasling, J. D.; Reiling, K. K.; Renninger, N. S.; Newman, J. D. High-level semi-synthetic production of the potent antimalarial artemisinin. *Nature* **2013**, *496(7446)*, 528-32.

62. WHO Prequalificaion of Medicines Programme. *Acceptance Of Non-Plant-Derived-Artemisinin Offers Potential To Increase Access To Malaria Treatment* [online]. 2013. http://apps.who.int/prequal/info_press/documents/PQ_non-plant_derived_artemisinin_1.pdf (accessed December 12, 2014).

63. Marris, C. SciDeveNet. Synthetic biology's malaria promises could backfire [Online], 2013. http://www.scidev.net/global/biotechnology/opinion/synthetic-biology-s-malaria-promises-could-backfire.html (accessed January 5, 2015).

64. Rude, M. A.; Schirmer, A. New Microbial Fuels: A Biotech Perspective. *Curr. Opin. Microbiol.* **2009**, *12(3)*, 274-81.

65. (a) Buelter, T.; Meinhold, P.; Feldman, R.; Hawkins, A.; Bastian, S.; Arnold, F. H.; Urano, J. Engineered microorganisms capable of producing target compounds under anaerobic conditions. U.S. Pat. Appl. 0058532 A1, 2012; (b) Donaldson, G. K.; Eliot, A.; Flint, D.; Maggio-Hall, A.; Nagarajan, V. Fermentative production of four carbon alcohols. U.S. Pat. Appl. 0313206 A1, 2007.

66. Hong, K. K.; Nielsen, J. Metabolic engineering of Saccharomyces cerevisiae: a key cell factory platform for future biorefineries. *Cell. Mol. Life Sci.* **2012**, *69(16)*, 2671-90.

67. Donaldson, G. K.; Eliot, A.; Flint, D.; Maggio-Hall, A.; Nagarajan, V. Fermentative production of four carbon alcohols. U.S. U.S. Pat. Appl. 0092957 A1, 2007.

68. Festel, G.; Boles, E.; Weber, C.; Brat, D. Fermentative production of isobutanol with yeast. U.S. Patent 8,530,226 B2, September 10, 2013.

69. Knothe, G. Biodiesel and renewable diesel: A comparison. *Prog. Energy Combust. Sci.* **2010**, *36*, 364-73.

70. Trimbur, D.; Im, C.-S.; Dillon, H.; Day, A.; Franklin, S.; Coragliotti, A. Production of oil in microorganisms. U.S. Patent 8,889,401, November 18, 2014.

71. Burk, M. Personal Comments. Presented at Workshop on the Industrialization of Biology, May 28, 2014.

72. (a) Yim, H.; Haselbeck, R.; Niu, W.; Pujol-Baxley, C.; Burgard, A.; Boldt, J.; Khandurina, J.; Trawick, J. D.; Osterhout, R. E.; Stephen, R.; Estadilla, J.; Teisan, S.; Schreyer, H. B.; Andrae, S.; Yang, T. H.; Lee, S. Y.; Burk, M. J.; Van Dien, S. Metabolic engineering of Escherichia coli for direct production of 1,4-butanediol. *Nat. Chem. Biol.* **2011**, *7(7)*, 445-52; (b) Burk, M. J. Sustainable production of industrial chemicals from sugars. *Int. Sugar J.* **2010**, *112(1333)*, 30.

73. BCC Research. Global Markets for Enzymes in Industrial Applications; BCC Research: Wellesley, MA, 2014.

74. Scheufele, D. A. Communicating science in social settings. *Proc. Natl. Acad. Sci. U. S. A.* **2013**, *110(Supplement 3)*, 14040-7.

75. NIH (National Institutes of Health). Final NIH Genomic Data Sharing Policy. *Fed Regist.* **2014**, *79(167)*, 51345-54.

76. Werpy, T.; Petersen, G. Top Value Added Chemicals from Biomass: Volume I—Results of Screening for Potential Candidates from Sugars and Synthesis Gas; U.S. Department of Energy: Oak Ridge, TN, 2004.

77. Newman, D. J.; Cragg, G. M.; Snader, K. M. Natural products as sources of new drugs over the period 1981-2002. *J. Nat. Prod.* **2003**, *66(7)*, 1022-37.

78. (a) Draths, K. M.; Knop, D. R.; Frost, J. W. Shikimic acid and quinic acid: Replacing isolation from plant aources with recombinant microbial biocatalysis. *J. Am. Chem. Soc.* **1999**, *121(7)*, 1603-4; (b) Krämer, M.; Bongaerts, J.; Bovenberg, R.; Kremer, S.; Müller, U.; Orf, S.; Wubbolts, M.; Raeven, L. Metabolic engineering for microbial production of shikimic acid. *Metab. Eng.* **2003**, *5(4)*, 277-83.

79. (a) Pollard, D. J.; Woodley, J. M. Biocatalysis for pharmaceutical intermediates: the future is now. *Trends in Biotechnol.* **2007**, *25(2)*, 66-73; (b) Clouthier, C. M.; Pelletier, J. N. Expanding the organic toolbox: A guide to integrating biocatalysis in synthesis. *Chem. Soc. Rev.* **2012**, *41(4)*, 1585-605.

80. Savile, C. K.; Janey, J. M.; Mundorff, E. C.; Moore, J. C.; Tam, S.; Jarvis, W. R.; Colbeck, J. C.; Krebber, A.; Fleitz, F. J.; Brands, J.; Devine, P. N.; Huisman, G. W.; Hughes, G. J. Biocatalytic asymmetric synthesis of chiral amines from ketones applied to sitagliptin manufacture. *Science* **2010**, *329(5989)*, 305-9.

81. (a) Müller, K.; Faeh, C.; Diederich, F. Fluorine in pharmaceuticals: Looking beyond intuition. *Science* **2007**, *317(5846)*, 1881-6; (b) Purser, S.; Moore, P. R.; Swallow, S.; Gouverneur, V. Fluorine in medicinal chemistry. *Chem. Soc. Rev.* **2008**, *37(2)*, 320-30;

(c) Eustaquio, A. S.; O'Hagan, D.; Moore, B. S. Engineering fluorometabolite production: Fluorinase expression in Salinispora tropica yields fluorosalinosporamide. *J. Nat. Prod.* **2010**, *73(3)*, 378-82; (d) Runguphan, W.; Qu, X.; O'Connor, S. E. Integrating carbon-halogen bond formation into medicinal plant metabolism. *Nature* **2010**, *468(7322)*, 461-4; (e) Walker, M. C.; Thuronyi, B. W.; Charkoudian, L. K.; Lowry, B.; Khosla, C.; Chang, M. C., Expanding the Fluorine Chemistry of Living Systems Using Engineered Polyketide Synthase Pathways. *Science* **2013**, *341(6150)*, 1089-94.

82. (a) Coelho, P. S.; Brustad, E. M.; Kannan, A.; Arnold, F. H. Olefin cyclopropanation via carbene transfer catalyzed by engineered cytochrome P450 enzymes. *Science* **2013**, *339(6117)*, 307-10; (b) McIntosh, J. A.; Coelho, P. S.; Farwell, C. C.; Wang, Z. J.; Lewis, J. C.; Brown, T. R.; Arnold, F. H. Enantioselective intramolecular C-H amination catalyzed by engineered cytochrome P450 enzymes in vitro and in vivo. *Angew. Chem., Int. Ed.* **2013**, *52(35)*, 9309-12.

83. Treimer, J. F.; Zenk, M. H. Purification and Properties of Strictosidine Synthase, the Key Enzyme in Indole Alkaloid Formation. *Eur. J. Biochem.* **1979**, *101(1)*, 225-33.

84. Kim, H. J.; Ruszczycky, M. W.; Choi, S. H.; Liu, Y. N.; Liu, H. W. Enzyme-catalysed [4+2] cycloaddition is a key step in the biosynthesis of spinosyn A. *Nature* **2011**, *473(7345)*, 109-12.

85. IREA (International Renewable Energy Agency). Production of bio-ethylene (Technology Brief I13); International Renewable Energy Agency and Energy Technology Systems Analysis Programme; IREA: Abu Dhabi, UAE, 2013.

86. Yim, H.; Haselbeck, R.; Niu, W.; Pujol-Baxley, C.; Burgard, A.; Boldt, J.; Khandurina, J.; Trawick, J. D.; Osterhout, R. E.; Stephen, R.; Estadilla, J.; Teisan, S.; Schreyer, H. B.; Andrae, S.; Yang, T. H.; Lee, S. Y.; Burk, M. J.; Van Dien, S. Metabolic Engineering of Escherichia coli for Direct Production of 1,4-Butanediol. *Nat. Chem. Biol.* **2011**, *7(7)*, 445-52.

87. Tullo, A. H. Hunting for Biobased Acrylic Acid. *Chem. Eng. News* **2013**, *91(46)*, 18-9.

88. Madhavan Nampoothiri, K.; Nair, N. R.; John, R. P. An overview of the recent developments in polylactide (PLA) research. *Bioresour. Technol.* **2010**, *101(22)*, 8493-501.

89. Anderson, A. J.; Dawes, E. A. Occurrence, Metabolism, Metabolic Role, and Industrial Uses of Bacterial Polyhydroxyalkanoates. *Microbiol. Rev.* **1990**, *54(4)*, 450-72.

90. Zhang, S., Fabrication of Novel Biomaterials through Molecular Self-Assembly. *Nat. Biotechnol.* **2003**, *21(10)*, 1171-8.

91. (a) Fahnestock, S.; Rich, A. Ribosome-catalyzed polyester formation. *Science* **1971**, *173(3994)*, 340-3; (b) Mao, C.; Solis, D. J.; Reiss, B. D.; Kottmann, S. T.; Sweeney, R. Y.; Hayhurst, A.; Georgiou, G.; Iverson, B.; Belcher, A. M. Virus-based toolkit for the directed synthesis of magnetic and semiconducting nanowires. *Science* **2004**, *303(5655)*, 213-7; (c) Ohta, A.; Murakami, H.; Higashimura, E.; Suga, H. Synthesis of polyester by means of genetic code reprogramming. *Chemistry & Biology* **2007**, *14(12)*, 1315-22.

92. (a) Addadi, L.; Weiner, S. Interactions between acidic proteins and crystals: Stereochemical requirements in biomineralization. *Proc. Natl. Acad. Sci. U. S. A.* **1985**, *82(12)*, 4110-4; (b) Mann, S.; Archibald, D. D.; Didymus, J. M.; Douglas, T.; Heywood, B. R.; Meldrum, F. C.; Reeves, N. J. Crystallization at Inorganic-organic Interfaces: Biominerals and Biomimetic Synthesis. *Science* **1993**, *261(5126)*, 1286-92; (c) Belcher, A. M.; Wu, X. H.; Christensen, R. J.; Hansma, P. K.; Stucky, G. D.; Morse, D. E. Control of crystal phase switching and orientation by soluble mollusc-shell proteins. *Nature* **1996**, *381(6577)*, 56-8; (d) Banfield, J. F.; Welch, S. A.; Zhang, H.; Ebert, T. T.; Penn, R. L. Aggregation-Based Crystal Growth and Microstructure Development in Natural Iron Oxyhydroxide Biomineralization Products. *Science* **2000**, *289(5480)*, 751-4; (e) Sundar, V. C.; Yablon, A. D.; Grazul, J. L.; Ilan, M.; Aizenberg, J. Fibre-optical features of a glass sponge. *Nature* **2003**, *424(6951)*, 899-900.

93. Christensen, C. M.; Raynor, M. E. *The Innovator's Solution: Creating and Sustaining Successful Growth.* Harvard Business School Press: Boston, MA, 2003.

94. U.S. Energy Information Administration. U.S. Number of Operable Refineries as of January 1. http://www.eia.gov/dnav/pet/hist/LeafHandler.ashx?n=PET&s=8_NA_8O0_NUS_C&f=A (accessed July 25, 2014).

95. Carlson, R.; Wehbring, R. *Microbrewing the Bioeconomy: Innovation and Changing Scale in Industrial Production*. http://www.biodesic.com/library/Microbrewing_the_Bioeconomy.pdf (accessed January 5, 2015).

96. Kojima, M.; Johnson, T. Potential for biofuels for transport in developing countries. *ESMAP Knowledge Exchange Series* **2005**, *4*, 1-4.

97. Agricultural Marketing Resource Center. A National Information Resource for Value-Added Agriculture: Corn. http://www.agmrc.org/commodities_products/grains_oilseeds/corn_grain/ (accessed December 30, 2015).

98. (a) Fang, Z. Converting Lignocellulosic Biomass to Low Cost Fermentable Sugars. In *Pretreatment Techniques for Biofuels and Biorefineries*; Springer: Berlin, 2013; pp 133-150; (b) Beckman, E. J. Supercritical and near-critical $CO_2$ in green chemical synthesis and processing. *J. Supercrit. Fluids* **2004**, *28(2)*, 121-91.

99. Singh, R. K.; Tiwari, M. K.; Singh, R.; Lee, J.-K. From Protein Engineering to Immobilization: Promising Strategies for the Upgrade of Industrial Enzymes. *Int. J. Mol. Sci.* **2013**, *14(1)*, 1232-77.

100. He, M. Cell-free protein synthesis: applications in proteomics and biotechnology. *New Biotechnol.* **2008**, *25(2-3)*, 126-32.

101. Rollin, J. A.; Tam, T. K.; Zhang, Y. H. P. New biotechnology paradigm: cell-free biosystems for biomanufacturing. *Green Chem.* **2013**, *15(7)*, 1708-19.

102. Vallino, J. J.; Stephanopoulos, G. Metabolic Flux Distributions in Corynebacterium Glutamicum During Growth and Lysine Overproduction. *Biotechnology and Bioengineering* **2000**, *67(6)*, 872-85.

103. (a) Bairoch, A. PROSITE: A Dictionary of Sites and Patterns in Proteins. *Nucleic Acids Res.* **1991**, *19(Supplemental)*, 2241-5; (b) Hulo, N.; Bairoch, A.; Bulliard, V.; Cerutti, L.; De Castro, E.; Langendijk-Genevaux, P. S.; Pagni, M.; Sigrist, C. J. A. The PROSITE database. *Nucleic Acids Res.* **2006**, *34(Supplemental)*, D227-30.

104. Xiong, Z.; Laird, P. W. COBRA: A Sensitive and Quantitative DNA Methylation Assay. *Nucleic Acids Res.* **1997**, *25(12)*, 2532-4.

105. Hillson, N. DNA Assembly Method Standardization for Synthetic Biomolecular Circuits and Systems. In *Design and Analysis of Biomolecular Circuits*, Koeppl, H.; Setti, G.; di Bernardo, M.; Densmore, D., Eds. Springer: New York, 2011; pp 295-314.

106. Onken, M.; Eichelberg, M.; Riesmeier, J.; Jensch, P. Digital Imaging and Communications in Medicine. In *Biomedical Image Processing*, Deserno, T. M., Ed. Springer: Berlin, 2011; pp 427-54.

107. (a) Canton, B.; Labno, A.; Endy, D. Refinement and standardization of synthetic biological parts and devices. *Nat. Biotechnol.* **2008**, *26(7)*, 787-93; (b) Brown, J. The iGEM competition: building with biology. *Synthetic Biology, IET* **2007**, *1(1.2)*, 3-6.

108. Ham, T. S.; Dmytriv, Z.; Plahar, H.; Chen, J.; Hillson, N. J.; Keasling, J. D. Design, implementation and practice of JBEI-ICE: an open source biological part registry platform and tools. *Nucleic Acids Res.* **2012**, *40(18)*, e141.

109. Cooling, M. T.; Rouilly, V.; Misirli, G.; Lawson, J.; Yu, T.; Hallinan, J.; Wipat, A. Standard virtual biological parts: a repository of modular modeling components for synthetic biology. *Bioinformatics* **2010**, *26(7)*, 925-31.

110. Seiler, C. Y.; Park, J. G.; Sharma, A.; Hunter, P.; Surapaneni, P.; Sedillo, C.; Field, J.; Algar, R.; Price, A.; Steel, J.; Throop, A.; Fiacco, M.; LaBaer, J. DNASU plasmid and PSI:Biology-Materials repositories: resources to accelerate biological research. *Nucleic Acids Res.* **2013**, *42(Database Issue)*, D1253-60.

111. Herscovitch, M.; Perkins, E.; Baltus, A.; Fan, M. Addgene provides an open forum for plasmid sharing. *Nat. Biotechnol.* **2012**, *30(4)*, 316-7.

112. (a) Eisenreich, W.; Bacher, A.; Arigoni, D.; Rohdich, F., Biosynthesis of isoprenoids via the non-mevalonate pathway. *Cell. Mol. Life Sci.* **2004**, *61(12)*, 1401-26; (b) Rohmer, M. The discovery of a mevalonate-independent pathway for isoprenoid biosynthesis in bacteria, algae and higher plants. *Natural Products Reports* **1999**, *16(5)*, 565-74.

113. Raab, A. M.; Lang, C. Oxidative versus reductive succinic acid production in the yeast Saccharomyces cerevisiae. *Bioengineered Bugs* **2011**, *2(2)*, 120-3.

114. Rahman, S. A.; Cuesta, S. M.; Furnham, N.; Holliday, G. L.; Thornton, J. M. EC-BLAST: a tool to automatically search and compare enzyme reactions. *Nat. Methods* **2014**, *11(2)*, 171-4.

115. Altschul, S. F.; Madden, T. L.; Schäffer, A. A.; Zhang, J.; Zhang, Z.; Miller, W.; Lipman, D. J. Gapped BLAST and PSI-BLAST: a new generation of protein database search programs. *Nucleic Acids Res.* **1997**, *25(17)*, 3389-402.

116. De Ferrari, L.; Mitchell, J. B. From sequence to enzyme mechanism using multi-label machine learning. *BMC Bioinformatics* **2014**, *15*, 150.

117. Esvelt, K. M.; Carlson, J. C.; Liu, D. R. A system for the continuous directed evolution of biomolecules. *Nature* **2011**, *472(7344)*, 499-503.

118. (a) Fox, R. J.; Davis, S. C.; Mundorff, E. C.; Newman, L. M.; Gavrilovic, V.; Ma, S. K.; Chung, L. M.; Ching, C.; Tam, S.; Muley, S.; Grate, J.; Gruber, J.; Whitman, J. C.; Sheldon, R. A.; Huisman, G. W. Improving catalytic function by ProSAR-driven enzyme evolution. *Nature Biotechnol.* **2007**, *25(3)*, 338-44; (b) Luetz, S.; Giver, L.; Lalonde, J. Engineered enzymes for chemical production. *Biotechnology and Bioengineering* **2008**, *101(4)*, 647-53.

119. Adrio, J.-L.; Demain, A. L. Recombinant organisms for production of industrial products. *Bioengineered Bugs* **2010**, *1(2)*, 116-131.

120. (a) Niewoehner, O.; Jinek, M.; Doudna, J. A., Evolution of CRISPR RNA recognition and processing by Cas6 endonucleases. *Nucleic Acids Res.* **2014**, *42(2)*, 1341-53; (b) Gao, X.; Tsang, J. C. H.; Gaba, F.; Wu, D.; Lu, L.; Liu, P. Comparison of TALE designer transcription factors and the CRISPR/dCas9 in regulation of gene expression by targeting enhancers. *Nucleic Acids Res.* **2014**, *42(20)*, e155.

121. Heap, J. T.; Pennington, O. J.; Cartman, S. T.; Carter, G. P.; Minton, N. P. The ClosTron: a universal gene knock-out system for the genus Clostridium. *J. Microbiol. Methods* **2007**, *70(3)*, 452-64.

122. Joung, J. K.; Sander, J. D. TALENs: a widely applicable technology for targeted genome editing. *Nat. Rev. Mol. Cell Biol.* **2013**, *14(1)*, 49-55.

123. (a) Carroll, D. Genome Engineering With Zinc-Finger Nucleases. *Genetics* **2011**, *188(4)*, 773-782; (b) Guo, J.; Gaj, T.; Barbas, C. F. Directed evolution of an enhanced and highly efficient FokI cleavage domain for Zinc Finger Nucleases. *J. Mol. Biol.* **2010**, *400(1)*, 96-107; (c) Cathomen, T.; Keith Joung, J. Zinc-finger Nucleases: The Next Generation Emerges. *Mol. Ther.* **2008**, *16(7)*, 1200-7.

124. Wang, H. H.; Isaacs, F. J.; Carr, P. A.; Sun, Z. Z.; Xu, G.; Forest, C. R.; Church, G. M. Programming Cells by Multiplex Genome Engineering and Accelerated Evolution. *Nature* **2009**, *460(7257)*, 894-8.

125. National Renewable Energy Laboratory. *Biomass Research.* http://www.nrel.gov/biomass/biorefinery.html (accessed January 13, 2015).

126. (a) Schellenberger, J.; Que, R.; Fleming, R. M. T.; Thiele, I.; Orth, J. D.; Feist, A. M.; Zielinski, D. C.; Bordbar, A.; Lewis, N. E.; Rahmanian, S.; Kang, J.; Hyduke, D. R.; Palsson, B. O. Quantitative prediction of cellular metabolism with constraint-based models: the COBRA Toolbox v2.0. *Nat. Protoc.* **2011**, *6(9)*, 1290-307; (b) Ebrahim, A.; Lerman, J. A.; Palsson, B. O.; Hyduke, D. R. COBRApy: constraints-based reconstruction and analysis for python. *BMC Systems Biology* **2013**, *7(1)*, 74.

127. Galzie, Z. What is protein engineering? *Biochem. Educ.* **1991**, *19(2)*, 74-75.

# 附录 A 术 语

**补料分批培养** 一种发酵过程，在生物反应器内培养过程中分批加入营养物质，产物在生物反应器内不断积累

**代谢工程** 优化细胞内遗传和调节过程以增加产物产量

**单体** 可以与其他分子化学结合以形成聚合物的分子

**蛋白质工程** 在蛋白质中引入实用的改良 [127]

**发酵** 将糖转化为其他产品的代谢过程

**合成生物学** 应用工程原理将遗传学还原为 DNA 元件，以了解其如何在活细胞中组合并行使所需功能的研究领域

**横向分层发展** 生物过程开发的一种分层式产业，即不同公司专注于供应链或价值链的不同步骤

**基因工程** 向生物体人工添加新的 DNA 的过程，通常为了增加生物体内原本没有的一种或多种性状

**计量学** 研究测量和度量的科学

**金融工具** 研究与创新金融资产或融资机制的形式

**聚合酶** 合成长链核酸或聚合物的酶

**聚合物** 由许多重复亚基组成的大分子

**理性设计** 考虑到科学和工程中可用技能及能产生所需产品的可能的化学转化的设计策略

**连续培养** 一种发酵过程，在生物反应器内培养过程中连续加入营养，产物在生物反应器中连续移除

**酶** 大分子生物催化剂，通常为蛋白质

**生物催化** 利用天然催化剂在有机化合物内发挥化学转化作用

**生物技术** 利用活体细胞或细菌等生产有用产品的技术 [15]

**生物经济** 基于生物过程和生物制造产生的对经济的贡献部分

**生物精炼厂** 整合了生物质转化过程和生物质燃料、动力与化学品生产设备的设施 [125]

**生物信息学** 研究收集和分析复杂生物数据的科学

**生物制造** 生物基化学品与产品的生产

**双官能团** 一个分子或化合物带有两个性质不同的官能团

**系统生物学** 生物单元的系统研究

**驯化微生物**　在工业生物技术领域被驯化为合适的底盘微生物

**原料**　制造过程所用的原材料，通常为生物质、原油或精炼石油烃产品或经一定化学改造后的材料

**转化**　从底物向产品转化的过程

**纵向整合发展**　过程研究和开发由从头到尾开发整个过程的纵向整合公司执行

**ABE 工艺**　丙酮-丁醇-乙醇(acetone-butanol-ethanol)发酵工艺，丙酮和丁醇由葡萄糖经梭菌发酵生成

**ACT 本体**　一个正式本体，用于描述参加生化反应的任一实体的分子功能，ACT 本体通过一个受控词汇表，能够提供对特定对象的化学行为的规范描述，支持查询、合成和验证[45]

**BDO**　1,4-丁二醇

**BioFAB**　国际前沿生物技术开放设施(International Open Facility Advancing Biotechnology)

**BMBL**　《微生物和生物医学实验室生物安全通用准则》(*Biosafety in Microbiological and Medical Laboratories*)，由美国疾病预防控制中心(CDC)和美国国立卫生研究院(NIH)制定

**BNICE**　生化网络整合计算探索器(Biochemical Network Integrated Computational Explorer)，一个能够对指定化合物分解或合成的所有可能路径作出识别并提供热力学评估的框架

**COBRA**　一个领先的基因组规模的代谢网络分析软件包(Constraint-Based Reconstruction and Analysis)[126]

**CRISPR/Cas9**　成簇规律间隔短回文重复序列(Clustered Regularly Interspaced Short Palindromic Repeats)和相关蛋白 Cas9

**DNA**　脱氧核糖核酸

**EPA**　美国国家环境保护局(United States Environmental Protection Agency)

**FDA**　美国食品药品管理局(United States Food and Drug Administration)

**FIFRA**　美国《联邦杀虫剂、杀菌剂和灭鼠剂法》(*Federal Insecticide, Fungicide, and Rodenticide Act*)，联邦政府控制杀虫剂分布、销售和使用的法令

**MAGE**　多元自动化基因组工程(Multiplex Automated Genomic Engineering)，可同时靶向染色体上的多个位置，用于单个细胞或整个细胞群体的修饰[124]

**NIH**　美国国立卫生研究院(United States National Institutes of Health)

**OSHA**　美国职业安全与健康管理局(United States Occupational Health and Safety Administration)

**PDO** 1,3-丙二醇

**PHA** 聚羟基链烷酸酯(Polyhydroxyalkanoates),由糖或脂质经细菌发酵产生的聚酯

**PLA** 聚乳酸(Polylactic Acid),来自生物原料的可生物降解聚酯

**RNA** 核糖核酸

**TAG** 三酰甘油(triacyl glyceride)

**TSCA** 《有毒物质控制法》(*Toxic Substances Control Act*),授权联邦政府对与化学物质和/或混合物有关的事项提出报告、记录和测试的要求及其他限制

**USDA** 美国农业部(United States Department of Agriculture)

**USDA-APHIS** 美国农业部动植物卫生检验局(United States Department of Agriculture Animal and Plant Health Inspection Service)

**WHO** 世界卫生组织(World Health Organization)

# 附录 B 现行监管框架

## 工程微生物及其生产的化学品

根据 1976 年颁布的《有毒物质控制法》(TSCA)，美国环境保护署(EPA)要对生产新化学品并将其商业化推广的企业实体进行监管。另外，根据此法令，对于打算商业化推广的"属间微生物"，EPA 需要监管它的商业研发、制造、进口和加工过程。属间微生物是一种"使用从不同种类生物体分离出的遗传物质有意识地结合而成"的微生物。自 1998 年以来，EPA 已审查了约 75 种微生物的商业化申请。目前，EPA 的监管范围还包括利用合成生物学创造的生物体，但评论员也指出，使用从未出现在已有生物体中的合成 DNA 序列制造的微生物，它不属于 EPA 的监管范围。在未来 5～10 年中，制造用于化工生产的生物体的 DNA 序列不可能全部使用从头合成 DNA 序列，因此，EPA 对现阶段生物工业的监管范围已经足够。

在制造、进口或加工新型属间微生物之前，负责企业必须至少提前 90 天向 EPA 递交完整的"微生物商业活动通告"(MCAN)或豁免申请供其审查。MCAN 必须包括制造商拥有的测试数据、控制手段，以及科学文献所介绍的该微生物对人类(包括工人接触)、动物、植物及其他微生物带来的影响。此外，MCAN 还需包括生物体的身份信息、构造过程的遗传操作信息、属性与表现型、已选定或已修改的生物体特征、生产过程的副产物，以及它的拟定用途和释放环境。

通过 EPA 对 MCAN 的审查，将确定该微生物在拟定使用环境中是否对人类和环境足够安全。为期 90 天的审查期结束之后，如果 EPA 未采取监管措施进行阻止或限制，则该企业可以开始制造、进口或加工此微生物。如果 EPA 认为，某种化学品或微生物对健康或环境存在巨大风险，则可以编写新规则来禁止或限制这种化学品或微生物的制造、经销或加工。

对豁免申请的审查，将决定申请企业是否能不受 TSCA 各项要求的限制把新型属间微生物用于商业目的。豁免权将授予那些经验丰富且拥有安全记录的机构，授权他们使用微生物、遗传操作和生产加工。

在生产某种新化学品时，如果使用的微生物计划释放到环境中，如生长在开放水塘系统中的工程藻类，则制造商在递交 MCAN 之前应先进行现场试验。为了验证对健康和环境的影响，对微生物进行的现场试验比对化学品的现场试验不确定性更高，这是因为微生物可以复制，并且一旦超出测试现场之外就可能繁殖，或是把基因转移给野生环境中的相关生物体。谁也无法轻易控制释放的微生物数量，或解决它们引发的问题。

欲用于商业用途的微生物现场试验开始之前，除非拟定试验已获得豁免批准，制造商须至少提前 60 天向 EPA 递交一份《TSCA 实验性的释放申请》（TERA）。试验开始前，TERA 必须已获批，可附带条件，也可不附带条件。无论是谁（制造商或承包商）进行研究，都必须遵守 TERA 中的所有条款与条件。只有在确认拟定研究"不会对健康或环境构成不合理的损害风险"以后，EPA 才会批准 TERA。如果 EPA 收到关于研究风险的新信息，也可撤回或修改 TERA。MCAN 审查期间，如果已按照 TERA 完成了现场试验，则试验数据必须纳入 MCAN 之中。

关于 EPA 是否能充分审查 TERA 还存在一些问题，对于利用合成生物学创造出的生物体释放申请，仅在为期 60 天的时间框架内进行判断还存在很大不确定性。合成生物学家并非总能预测复杂的合成 DNA 组合会给工程生物体带来怎样的影响，并且 EPA 缺少有效的评估模型，用于评定转基因生物体对健康和环境造成的风险，从而难以判断在现场试验中释放它们是否足够安全。随着科学家和 EPA 的经验越来越丰富，某些生物体中某些 DNA 片段组合将变得更容易预测，也将建立起监管风险预测监测。

第二个问题涉及微生物商业化前期试验，即 EPA 是否对进行"结构内部"（并非故意释放到环境中）试验的微生物防护有充分认识并给予指导。即使制造商必须保留规定的试验记录，但只要制造商符合某些标准，也就无需向 EPA 报告在结构内部进行的试验。虽然利用来自其他机构的联邦基金进行的研究，要求遵守美国国立卫生研究院（NIH）的"重组核酸分子或合成核酸分子研究指南"，这样 EPA 就能免于承担研究监督责任，但 EPA 并未要求上述内部试验遵守该 NIH 指南。多家机构的研究人员和监管人员在应用 NIH 指南方面都拥有丰富经验，如果业界主动采用这些指南来要求在限定空间内进行的工业微生物试验，那么这些指南将为行业提供很好的服务。

第三个问题涉及 TSCA 下的 EPA 职权及其职权实施细则，也就是要求该机构具有对工程生物体（或新型化学品）进行安全试验的能力。安全性监管需要大量的管理过程，所以 EPA 可能无法高效地利用自己的职权。MCAN 提交人只允许提供自身拥有或在其控制范围之内的信息，一般情况下，企业无需为获得新信息而进行试验。如果 EPA 认为 MCAN 中的信息不足以判断试验安全性，则根据 TSCA 第 4 节（"试验原则"）和第 5(e) 节规定的某些权力，EPA 有权要求制造商进行安全研究并提供相关报告（如获得并报告毒性数据）。通常，EPA 会与企业约定需获得哪些数据，且该企业自愿签署一份"同意书"。

但是，如果制造商不愿进行安全试验，则 EPA 必须编写新规则来要求他进行，这个过程可能花费几年时间，也可能被诉诸法庭。

第四个问题是 EPA 对上市后的工业微生物是否具备足够的监管职权。即使为期 90 天的 MCAN 审查期满，且产品已进入市场，EPA 也依然能监管产生化学品的属间微生物；但 EPA 在采取行动之前，必须持有该微生物对健康或环境有害的证据。TSCA 及其实施细则虽然要求制造商和经销商保留产品对健康或环境的特定负面影响的记录，但并未要求将此信息报告给 EPA（EPA 明确要求的情况除外），另外，实施细则中也并未要求企业进行研究以找出问题所在。万一化学品制造过程使用的属间微生物意外释放到环境中，负责企业必须记录下此次"泄漏"造成的健康和环境影响，但 TSCA 并不要求企业限制或缓解这些影响。

EPA 可以根据（除 TSCA 以外的）其他法律对某些类型的微生物意外释放行使管辖权，如当化工生产中使用的藻类（如制造塑料的藻类）逃脱并进入自然水道或湖泊之中，EPA 可以根据《清洁水法》对事故进行管理。然而，在许多情况下，受到工业微生物意外释放影响的人们可能会对制造商、经销商或其他相关方提起侵权诉讼，要求其进行环境清理与环境监督。

如果工业微生物发生事故性释放或不受控的有害释放，EPA 可根据 TSCA 第 6 节提出新的防护条件，预防以后再出现类似事故。但如果要采取这样的行动，EPA 必须根据风险-效益计算，调查出在上述释放事故之前制造和散布此微生物已构成了不合理风险，且 EPA 拟定采取的监管行动是最为简单的、能够提供足够保护的监管方式。各法院已确保此类调查应有非常大的举证责任，截至 2005 年，EPA 只发布了 5 种化学品的"防护原则（见第 6 节）"。

EPA 官员认为，通过对工程微生物的制造与使用过程设置条件，他们在 TSCA 的规定下拥有充足的职权来保护环境、公众健康和工人安全。对健康或环境造成不合理风险的新型化学品或工程微生物，EPA 可以禁止或限制其使用；此外，EPA 可以禁止商用微生物的制造或加工，对于不遵守 TSCA 的制造商，EPA 还可以对其施加刑事或民事处罚。EPA 创造性地利用了 TSCA 赋予它的上市前职权来保护健康和环境，并与化学品生产者建立了合作关系。另外，EPA 利用"同意书"对个别微生物制造商设置条件，包括微生物遏制条件与工人安全条件，并利用"重要新用途规则"（SNUR）来执行全行业标准。然而，正如其他细则一样，SNUR 可能需要数年时间才能颁布。2012 年，EPA 提出了真菌里氏木霉的 SNUR，里氏木霉的属间版本被用于生产乙醇制造酶。EPA 官员担心，这种微生物在某些生长条件下可能产生有毒肽类，之前未正确地对它进行遏制。截至本报告编制时，木霉属 SNUR 还未最终完成。

关于 EPA 工业微生物监管的最后一个问题是：随着生物工业的发展，MCAN

和 TERA 会不断增多，造成机构的工作不堪重负。自 1998 年以来，EPA 已经审查了约 75 种工程菌，相比其他部门的工作，这是一个极小的数目，如同一时期美国农业部（USDA）下达了上千个有关现场试验和转基因作物释放的决定。如果 EPA 缺少足够的人员和资源，他的审查质量会受影响，又或者他会成为产品进入市场的瓶颈。在某些情况下，EPA 可能不得不重新安排人员和资源来审查新化学品的生物生产，或者可能需要使用额外的资源来开展这些审查。

# 农作物生物反应器

如果把农作物作为生物反应器来生产工业化学品，则美国农业部动植物卫生检验局（USDA-APHIS）通常作为拥有管辖权的领导机构，可以根据化学品的预计用途和 EPA 或 FDA（美国食品药品管理局）共同承担监管责任。根据《植物保护法》，APHIS 监管"植物害虫"的进口、州际间移动和环境释放，"植物害虫"包括对植物健康可能构成威胁的转基因生物体。截至目前，用于商业用途的大多数转基因植物都是使用来自植物害虫的载体或基因进行改造，因此 APHIS 对几乎所有的转基因植物都有管辖权。

如果已知或怀疑某种新型转基因生物体（包括植物）会对植物或植物产品造成损害或致病，在未进行 APHIS 授权的现场试验之前，禁止把该生物体引入环境中。开发者必须在试验前向 APHIS 递交通知或许可申请。APHIS 在批准调节材料的田间释放之前，会对通知或申请进行审查，确保它拟定的使用条件——操作、遏制和处理——对植物健康和环境的风险已经降至最低。一般来说，APHIS 对许可的审查要求比对通知的审查要求更严格。许可多用于对植物健康或环境存在较高风险的植物类型，或者用于经新型改良、风险不明、APHIS 缺乏监管经验的植物类型。通知则主要用于低风险、含有 APHIS 较为熟悉的基因改造的植物。对产生生物药品和工业化学品的植物，APHIS 通常给予许可。植物产生的生物药品或工业化学品，其现场试验地点在试验阶段将接受多次检查。

一旦新型转基因植物的现场试验结束，开发者就可以提交一份"撤销监管请求书"，内容需包含植物的生物学信息（含基因改造信息）和现场试验结果。

在评估请求书时，APHIS 会考虑多个因素，包括"基因产品表达、新酶或植物新陈代谢变化；杂草及对性相容植物造成的影响；农业或栽培操作；对非目标生物体的影响；基因转移到其他类型生物体的可能性"。除了评估请求书外，APHIS 还会编写一份环境评估书或一份环境影响说明，征求公众对植物风险的评论。如果 APHIS 的结论是该新型植物不会构成植物害虫风险，则批准该请求书。一旦解除监管，该生物体即可引入田间，并用于商业用途，不再接受 APHIS 的监督。截至 2013 年 8 月，APHIS 已解除了对 95 种转基因农作物的监管。

一些新型转基因生物体可利用"非监管状态扩展申请"来解除监管。这个程序创建于 1997 年，从安全角度来讲，这个程序使得许多受监管的生物体与之前解除监管的生物体之间只存在细微差别。在"非监管状态扩展申请"中，申请人要把受监管生物体和原始生物体、解除监管的生物体进行对比，表明用来制作新生物体的分子操作未对植物或环境构成新的严重风险。扩展申请适用于像同义核苷酸变化(编码蛋白质的氨基酸序列未改变)这样的干预类型，而利用合成生物学方法改造的植物则较少用。

当 APHIS 和 FDA 同时对一种转基因植物有管辖权时，例如，如果商业目标是制造一种植物源药物，那么 APHIS 主要负责植物上市前的现场试验，而 FDA 随后将按照药物的上市前批准过程对植物制造的化学品进行审查。并且，如果该转基因生物体是一种众所周知的细菌类植物害虫，则 APHIS 可以与 EPA 分享管辖权。

APHIS 仅对转基因植物或者根据《植物保护法》有理由相信会对植物造成危害的其他生物体有管辖权。APHIS 的监管范围未涉及考虑可能引起的环境或健康危害的生物体，因此，某些类型的转基因植物，其现场试验或商业用途不属于 APHIS 管辖范围，而且 EPA 对它也无明确职权或监管经验。如果这类植物生产的工业化学品不在 FDA 监管之内，则它们可以完全不受限制地释放到环境中并进行商业流通。柳枝稷就是 APHIS 监管权之外(也就是不受监管)的一个例子，它是一种用于生产生物燃料的原料。

# 附录 C  委员会成员与职员简介

## 主　席

**Thomas M. Connelly, Jr.**担任杜邦公司副执行总裁兼首席创新执行官，也是公司首席行政办公室成员之一。他主要负责科学与技术领域、美国以外的地理区域和综合运营（包括运营、采购、物流和工程设计）。他于 1977 年加入杜邦，当时以研究工程师的身份进入位于特拉华州威明顿市的杜邦实验站。他担任了数个技术领导职务，包括英国和瑞士地区的实验室主任。他负责杜邦公司多个主要业务，包括 Delrin、Kevlar 和 Teflon，遍布美国、欧洲和亚洲。1999 年 1 月，他被任命为副总裁和杜邦氟产品部总经理，2001 年 9 月又被任命为高级副总裁兼首席科技官。Connelly 先生以优异的成绩毕业于普林斯顿大学，持有化学工程和经济学双学位。作为温斯顿·丘吉尔奖学金获得者，Connelly 先生获得了剑桥大学化学工程博士学位。此外，他还担任美国政府和新加坡共和国的顾问。

## 成　员

**Michelle Chang** 是加利福尼亚大学伯克利分校的化学副教授。她研究的机械生物化学、分子与细胞生物学、代谢工程、合成生物学等多个领域的方法，适合解决能源和人类健康问题。她的研究项目包括设计和创造微生物宿主内新的生物合成途径，借助体内生产概念，从丰富的农作物原料获得生物燃料，以及从天然产物获得燃料或以天然产物为框架生成药物。2004 年，她在麻省理工学院获得博士学位，在加利福尼亚大学伯克利分校进行博士后工作，并于 2007 年成为该校教员。2008 年，她荣获"贝克曼青年学者奖"，2010 年荣获"安捷伦早期职业生涯教授奖"。

**Lionel Clarke** 是英国合成生物学领导委员会的联合主席，也是英国桑顿壳牌技术中心壳牌项目生物结构域开放创新小组组长。他的职责是为壳牌策划和提出生物领域的战略研究与技术项目，部署内部与外部资源，从而向市场推出创新解决方案。Clarke 博士于 1981 年加入壳牌公司，在这之前，他毕业于(伦敦)帝国理工学院，毕业之后他被选为剑桥大学的研究员，并兼任法国格勒诺布尔大学欧洲皇家学会的研究员。在此期间，他发表了大量论文和一本专著，并获得各种出版奖项。进入壳牌之后，他的工作内容极广，把实验室得到的理论带入燃料与发动机之间的接口市场，包括在全球范围内将加铅汽油去除与更换、清洁剂的引入，以及发达市场与发展中市场燃料性能的改善。与巴西燃料市场打交道的数年时间，让他积累了早期的第一手经验，并了解了有关生物燃料使用的各种实际问题。Clarke 负责促进壳牌公司生物领域战略研究项目的策划和提出已十余年。2012 年，Clarke 就职于英国合成生物学路线图协调组组长，现在他也是英国合成生物学领导委员会的联合主席。

**Andrew Ellington** 于 1981 年从密歇根州立大学获得生物化学学士学位，于 1988 年从哈佛大学获得生物化学与分子生物学博士学位。毕业后，他与 Steve Benner 博士一起研究脱氢酶同工酶的进化优化。他的博士后工作是跟随 Jack Szostak 博士在麻省总医院进行的，在这里，他建立了功能性核酸的体外筛选技术，并创造了“适配体”一词。1992 年，Ellington 博士在印第安纳大学担任化学助教，由此开启了他的学术生涯，并一直致力于建立筛选方法。他曾获得美国海军研究中心青年科学家奖、科特雷尔学者奖和美国优秀青年科学家学者奖。1998 年，他移居得克萨斯大学奥斯汀分校。现担任西蒙弗雷泽大学分子生物科学系生物化学教授。Ellington 博士曾是国防分析委员会国防科学研究小组的一员，曾在生物防御和生物技术问题上积极给予各政府机构建议，包括为国防情报局的 2020 年生物化学座谈会工作提供建议。近期，他当选美国国家安全科学与工程教职研究员和美国科学促进会（AAAS）会员。他曾是多家公司董事会的一员，并协助创建了 Archemix 公司。Ellington 博士的实验室工作重心是开发用于现场即时诊断的基因回路，以及通过引入新的化学成分来促进蛋白质与细胞的进化。

**Nathan Hillson** 是劳伦斯-伯克利国家实验室（LBNL）的生物化学家，联合生物能源研究所的合成生物学主任，以及联合基因组研究所的基因组工程项目负责人。他的职责是开发并验证实验湿件（wetware）、软件及用于促进、加快细菌工程并使其标准化的实验室自动化设备。他获得了哈佛大学医学院的生物物理学博士学位，也是斯坦福大学医学院的博士后研究成员之一。他于 2009 年加入 LBNL。

**Richard Johnson** 是 Global Helix LLC 有限责任公司（总部位于华盛顿的一家咨询公司）CEO 兼创始人。Johnson 为全球科学发展、基础研究的相关法律与政策、创新和创业家精神做了大量贡献。工作 30 年之后，他退休时已是 Arnold & Porter LLP 的高级合伙人，代表许多研究型大学、基金会和创新型公司。他目前关注的领域包括：①促进生物经济增长的合成生物学与生物工程；②神经系统科学与大脑健康，尤其是阿尔茨海默病和痴呆症；③全球研究合作与大数据；④能够创造价值的智力资产；⑤创新政策与知识型资本的再思考组织模式。Johnson 是美国国家科学院（NAS）合成生物学委员会的成员，也是 NAS 合成生物学论坛的成员。他目前还担任了经济合作与发展组织生物仪器咨询委员会(OECD/BIAC)技术与创新委员会主席,近期还被选为新 OECD 全球科学、技术与创新咨询委员会的十二个全球成员之一。Johnson 还担任布朗大学生物与医学委员会主席,以及(伦敦)帝国理工学院国际创新知识中心委员会主席。此外,他还是加利福尼亚大学伯克利分校合成生物学工程研究中心委员会成员,生物砖基金会和斯坦福 BioFab 公司成员,布朗大学大脑科学研究所和国际脑研究联盟成员,卡罗林斯卡学院国际神经信息学协调委员会成员。多年以来,他一直任职于麻省理工学院校长遴选董事委员会及许多高校巡视委员会。Johnson 曾担任《耶鲁法律杂志》编辑,取得了耶鲁法学院法学博士学位。此外,他还拥有麻省理工学院理科硕士学位,并且是国家科学基金会国家研究员。他拥有布朗大学最高荣誉的学士学位。

**Jay D. Keasling** 是加利福尼亚大学伯克利分校的一名化学工程与生物工程教授。他也是劳伦斯-伯克利国家实验室的代理实验室主任,加利福尼亚大学伯克利分校合成生物学系的创会理事,联合生物能源研究所的首席执行官。2003 年和 2004 年,他分别参与创建了 Codon Devices 生物装置公司和 Amyris 公司(前身为 Amyris 生物科技公司)。他被视为合成生物学领域最权威的教授之一,尤其是在代谢工程方面。另外,相关研究方向还包括系统生物学与环境生物技术。Keasling 博士目前的研究主要涉及通过大肠杆菌的代谢工程制造抗疟药青蒿素。尽管青蒿素是治疗疟疾的一种有效、可靠的药物,但目前青蒿素(天然存在于植物青蒿素中)制造方法的成本太高,在发展中国家无法实现低成本地消除疟疾。Jay Keasling 在内布拉斯加大学林肯分校取得学士学位,在密歇根大学取得博士学位(1991 年),并于 1991～1992 年在斯坦福大学进行博士后工作。

**Stephen Laderman** 担任安捷伦实验室主任。他指导了用于研究与诊断过程的前沿测量解决方案的研发项目。他的实验室主要研究生物学、化学和计算机科学专业知识,调查和发展新型试剂、化验方案和计算方法,从而在分子细胞生物学、分子医学和合成生物学等新兴领域创建新方法。从 Wesleyan University 获得物理学学士学位之后,他又获得了斯坦福大学材料科学博士学位。Laderman 于 1984 年加入惠普(HP)实验室,成为一名技术人员,之后又担任了多个研究与管理职位,并参与科技密集型业务。

**Pilar Ossorio** 是威斯康星大学麦迪逊分校的一名法学与生物伦理学教授,在这里她还担任法学院及医学院医学史与生物伦理学系的教员。2011 年,她成为摩格里奇研究院的驻校伦理学者,这是一家非营利性私人研究机构,是威斯康星发现研究所的构成部分。她还担任华盛顿大学法律与神经科学计划的联合主任,是华盛顿大学生物技术硕士研究项目的教员,以及人口健康研究生项目教员。任教于华盛顿大学之前,她曾在美国医学协会遗传学伦理研究所担任主任,在芝加哥大学法学院担任助理教员。1990 年，Ossorio 获得斯坦福大学微生物学与免疫学博士学位，之后她又在耶鲁大学医学院完成了博士后。19 世纪 90 年代，Ossorio 博士还担任了联邦项目"人类基因计划的伦理、法律与社会影响（ELSI）"的顾问，1994 年，她获得能源部 ELSI 项目的全职职位。1993 年，她在克林顿总统的医疗服务改革工作组伦理学工作小组任职。1997 年，她在加利福尼亚大学伯克利分校法学院获得法理学博士学位。在伯克利期间，她入选法学荣誉协会"白帽协会"（Order of the Coif），并获得多项法律学杰出奖。

**Kristala Jones Prather** 是麻省理工学院化学工程副教授，也是美国国家科学基金会资助的合成生物学工程研究中心（SynBERC）研究员。1994 年，她从麻省理工学院取得理学学士学位，1999 年从加利福尼亚大学伯克利分校取得博士学位。她曾在默克公司研究实验室（位于新泽西州罗韦）生物过程研发小组工作了 4 年。她的研究重点集中在设计和组装小分子生产过程中使用的重组微生物，另外对新型生物过程设计方法也有所研究。研究中，把传统的新陈代谢工程与生物催化实践相结合，提高和优化了微生物系统的生物合成能力。她的另一个研究重点是关于设计原则的说明，针对的是利用快速发展的合成生物学技术生产非天然有机化合物。2004 年，Prather 获得了"卡米尔和亨利·德雷福斯基金会新教授奖"，2005 年获得了美国海军研究办公室青年研究者奖，2007 年获得了《技术评论》杂志"TR35"评出的"青年创新者奖"，2010 年获得了国家科学基金会"事业奖"，以及在 2011 年获得了《生物化学工程杂志》评出的"青年研究者奖"。她获得的其他荣誉还有：2012 年当选伦斯勒理工学院 Van Ness 讲师，同年还被评选为世界经济论坛新领军者年会青年科学家；2006 年，Prather 因在化学工程系的本科教学中成效卓越，被授予迈克尔·莫尔杰出教师奖；2010 年还因为出色的教学水平被授予麻省理工工程学院 Junior Bose 奖。

**Reshma Shetty** 于 2008 年从麻省理工学院毕业，获得生物工程博士学位，在麻省理工学习期间，她研究了在细胞内建立数字逻辑的课题。Shetty 博士在合成生物学领域已活跃数年，并共同组织了 SB1.0 "2004 首届国际合成生物学大会"。2008 年，Reshma 被《福布斯》杂志评为"改变世界未来的八个人"之一；2011 年，Shetty 被《快公司》杂志评选为"商界最具创造力一百人"之一。Shetty 与她的同事一起创建了 Ginkgo Bioworks 合成生物学公司，主要生产和销售用于食品、燃料与药物生产的工程微生物。

**Christopher Voigt** 是麻省理工学院生物工程系的一位副教授。他兼任劳伦斯-伯克利国家实验室化学家，韩国科学技术高级研究院（KAIST）化学工程兼职教授，帝国理工学院荣誉会员。在进入麻省理工之前，他在密歇根大学取得了化学工程学士学位（1998），在加利福尼亚理工学院取得了生物化学/生物物理学博士学位

(2002)，并在加利福尼亚大学伯克利分校生物工程系进行了博士后研究工作(2003)，他还是加利福尼亚大学旧金山分校药物化学系的一名教员(2003～2011)。

**Huimin Zhao** 是伊利诺伊大学香槟分校化学与生物分子学工程的终身首席教授，也是化学、生物化学、生物物理学和生物工程学教授，此外，他还是新加坡科技研究局(A*STAR)代谢工程研究实验室(MERL)的客座研究员。他于 2000 年进入伊利诺伊大学，在这之前，曾在陶氏化学工作了 2 年。他的主要研究兴趣是开发合成生物学工具，并应用其解决当今社会最棘手的健康、能源、可持续性挑战，以及研究酶催化、细胞新陈代谢和基因调节的基础内容。他获得了无数研究与教学领域的奖项和荣誉，包括古根海姆奖(2012)、美国科学促进会会员(AAAS)(2010)和美国医学与生物工程学会会员(2009)等。他已经发表或与他人联合发表了 170 余篇研究论文，20 项正在申请和已申请的专利应用，其中几项已得到了工业认可。此外，他还在 200 余场国际会议上和高校中进行了主题演讲或特约演讲。他于 1992 年在中国科技大学取得生物学学士学位，于 1998 年在加利福尼亚理工学院取得化学博士学位。

# 国家研究理事会职员

**Douglas Friedman** 是美国国家科学院国家研究理事会(NRC)化学科学与技术理事会高级项目主管。他涉足的科学领域主要包括有机化学、有机与生物有机材料、化学与生物学传感和纳米技术，特别是把他们应用于国土安全行业。Friedman 博士自加入 NRC 以来，提出了各种各样的活动。他曾担任"转化糖科学：未来路线图"、"生化防御科学技术核心能力判断"、"沥青稀浆对原油输送管道的影响"及"应对能力惊人：美国海军战略"等专题的负责人或联合负责人。除此之外，他还给予了"化学科学在寻找关键资源替代物方面发挥的作用"、"大规模生物质利用的机会与障碍"及"抗生素发现与发展的技术挑战"等课题支持。Friedman 博士目前正在研究的内容有学术研究实验室内的安全文化，生命科学先进技术的安全隐患，以及合成生物学。在加入 NRC 以前，Friedman 曾在西北大学、加利福尼亚大学洛杉矶分校、加利福尼亚大学伯克利分校和 Solulink 生物科学公司进行物理有机化学和化学生物学研究。他在西北大学获得化学博士学位，在加利福尼亚大学伯克利分校获得化学生物学学士学位。

**India Hook-Barnard** 于 2008 年从美国国立卫生研究院来到国家科学院，她曾在那里担任博士后研究员。她在密苏里大学分子微生物学与免疫学系获得了微生物医学博士学位，她擅长的主要领域有新兴科学、技术和医疗的基础研究到转化应用。在国家科学院工作期间，Hook-Barnard 博士最初是生命科学委员会的一名高级项目主管，近期，她又担任了医学研究所健康科学政策委员会的高级项目主管。此外，Hook-Barnard博士还是以下专题报告的负责人："临床试验数据共享：效益最大化、风险最小化(2015)""生化防御科学技术核心能力判断(2012)""面向精准医学：建立生物医学研究知识网络和疾病分类新方法(2011)""选择试剂基于序列的分类：一条更有前景的道路(2010)"，以及研讨会摘要"生物监测计划的自主探测技术：确保公众健康的即时、准确的信息(2013)"。另外，她还在2008~2012年指导美国国家委员会担任参与世界脑科学研究的组织工作，担任多项活动的参谋，包括美国国防部常务委员会"生物威胁对抗计划""生物经济领域的安全防护技术"研讨会、"合成生物学六方会议"及"评估生物恐怖试剂应对措施的动物模型"研究。

# 附录 D  研讨会议程与参会者

## 研讨会议程

## 第 1 日：2014 年 5 月 28 日

8:00 AM  报到和注册

8:30 AM  **会议 1：开幕致辞**
介绍研讨会的目标和内容
**委员会主席：**

**Tom Connelly**
*杜邦公司，执行副总裁兼首席创新官*

9:00AM  **主题发言：成就与未来前景**

**Doug Cameron**
*First Green 伙伴公司，联席总裁兼董事*

9:45AM  **会议 2：化工过程远景**
**小组主持人：**

**Lionel Clarke**
*英国合成生物学领导委员会联合主席*

**小组目标和关键问题：**

- 工业上现在和将来采用生物过程的主要驱动力是什么？
- 最近在发展生物工业过程中的主要经验和教训是什么？
- 有多少可获取的原料最终促成或影响了供应链？
- 采用生物过程将如何改变化学和能源产业的性质？
- 对日用和精细化学品有哪些特殊考虑？
- 过程开发的最大障碍是什么？如何克服？

**Markus Pompejus**
*巴斯夫公司，生物活性材料与生物技术研究主管*
**Mark Burk**
*Genomatica 公司，执行副总裁兼首席技术官*

**赵国屏**

*中国科学院上海生命科学研究院，合成生物学实验室主任*

**Jennifer Holmgren**

*LanzaTech 公司，首席执行官*

小组讨论：约 **45** 分钟

11:30AM　**午餐**

12:30PM　**会议 3：安全性与生物防护的技术挑战**

小组主持人：

**Pilar Ossorio**

*威斯康星大学麦迪逊分校法学院，法学与生物伦理学教授*

小组目标和关键问题：

- 我们应如何描述、测量和减少不同类型的生物工业（日用化学品与精细化学品）可能出现的不同类型的风险？
- 哪些类型的风险可通过各种不同类型的化学品生产而分担？
- 传统的风险评估方法是否足以理解和应对日用化学品和精细化学品的生物生产所带来的风险？
- 不同类型的工业生物技术应纳入哪些现有的风险监管和治理框架中？
- 哪些因素会影响公众对生物化工生产相关的风险和不确定性的理解？
- 我们如何就传统化工生产的风险和不确定性进行沟通（即新的生物化工可能会有风险，但传统的化工依旧面临环境和健康风险）？
- 鉴于风险无法被降低到零，且试图把风险降低到零的做法可能会适得其反，成本也过于昂贵，应如何开发系统以在不良事件发生时能快速识别并适当减轻不良影响？

**Mark Segal**

*环境保护署，风险评估部高级微生物学家*

**Eleonore Pauwels**

*伍德罗·威尔逊国际学者中心，科技创新项目助理*

**Dietram Scheufele**

*威斯康星大学麦迪逊分校，科学传播学教授*

**Ed You**

*联邦调查局，大规模杀伤性武器事务部特工*

**小组讨论：约 30 分钟**

2:00PM　茶歇

2:15PM　**会议 4：合成与基因组规模工程**
　　　　<u>小组主持人：</u>

　　　　　　**Andy Ellington**
　　　　　　*得克萨斯大学奥斯汀分校，生物化学教授*

　　　　　　**Chris Voigt**
　　　　　　*麻省理工学院，生物工程副教授*

　　　　<u>小组目标和关键问题：</u>

- 如何协调系统设计（元件、基因、调控）与全基因组工程方法（包括随机和定向 DNA 突变）？
- 如何衡量合成基因对宿主的影响？如何消除这些影响？如何利用全基因组信息来指导设计过程？
- 能否将元件与宿主的交互作为设计的一部分？或推动更多的正交系统？
- 在什么程度上编程的基因组干预可以用于进一步基因工程改造？人为干预的效果能否与环境改变和自然进化相比？

　　　　　　**Todd Peterson**
　　　　　　*Synthetic Genomics 公司，首席技术官*

　　　　　　**Jennifer Doudna**
　　　　　　*加利福尼亚大学伯克利分校，生物化学与分子生物学教授*

　　　　　　**Harris Wang**
　　　　　　*哥伦比亚大学，系统生物学助理教授*

　　　　　　**Timothy Lu**
　　　　　　*麻省理工学院，生物工程电子工程副教授*

　　　　**小组讨论：约 30 分钟**

3:45PM　**会议 5：测量（工程微生物、途径、系统）**
　　　　<u>小组主持人：</u>

　　　　　　**Steve Laderman**
　　　　　　*安捷伦科技有限公司，分子工具实验室主任*

**小组目标和关键问题：**

- 体外和体内测量对合成生物学的科学、技术和实践有什么作用？
- 现今利用的首要方法是什么？
- 最有前景的体外和体内测量的新兴方法是什么？
- 样品处理、测量方法、数据分析和解释和/或标准与预期相比还存在哪些差距？
- 需要什么技术突破来克服这种差距？
- 实现这些技术突破需要开展哪些研究？
- 有哪些益处？未来发展情景如何？

**Drew Endy**
*斯坦福大学，副教授*

**John McLean**
*范德比尔特大学，化学副教授*

**Johnathan Sweedler**
*伊利诺伊大学香槟分校，化学教授*

**Marc Salit**
*国家标准与技术研究院，材料测量实验室基因组规模测量组负责人*

**小组讨论：约 30 分钟**

5:15PM　次日会议概述
**委员会主席：**

　　　**Tom Connelly**
　　　*杜邦公司，执行副总裁兼首席创新官*

5:30PM　第 1 天会议休会

6:00PM　晚餐期间委员会将召集闭门会议

# 第 2 日：2014 年 5 月 29 日

8:00AM　欢迎

8:30AM　开幕致辞：
**委员会主席：**

　　　**Tom Connelly**
　　　*杜邦公司，执行副总裁兼首席创新官*

**8:45AM　会议 6：计算机辅助设计、制造与测试**

　　小组主持人：

　　　　**Nathan Hillson**
　　　　*劳伦斯伯克利国家实验室，伯克利实验室生物化学家*

　　小组目标和关键问题：

- 将生物信息学工具和生物学知识融入连贯的工业工作流(非我所创综合征、软件许可、软件归档、未统一的激励机制、数据结构标准化)的瓶颈是什么？

- 在工业相关条件下(足够详细的全面实验测量、非稳态数学框架、基础生物学知识缺乏)开发准确的预测基因组规模代谢模型的障碍是什么？

- 是否存在特定的技术/知识/基础设施挑战，一旦被克服，是否将极大地提高逆合成设计及其准确性的化学空间？

- 如果任何生物分析测量可以方便地在 DNA 中输出，同时有大量的测试数据，那么由此造成哪些瓶颈，对哪些基础设施带来挑战？

　　　　**Eric Klavins**
　　　　*华盛顿大学，电子工程副教授*

　　　　**Bernhard Palsson**
　　　　*加利福尼亚大学圣地亚哥分校，生物工程教授*

　　　　**Chris Anderson**
　　　　*加利福尼亚大学伯克利分校，生物工程助理教授*

　　　　**Sriram Kosuri**
　　　　*加利福尼亚大学洛杉矶分校，助理教授*

　　小组讨论：约 **30** 分钟

**10:15AM　茶歇**

**10:30AM　会议 7：复杂分子——未来会是何种景象？**

　　小组主持人：

　　　　**Kristala Jones Prather**
　　　　*麻省理工学院，副教授*

　　小组目标和关键问题：

- 如何扩大通过生物工业生产的分子和/或材料的范围？

- 除了碳、氢、氧、氮外，是否能够及如何显著增加可用于生物制造化学品的元素的范围？

- 有哪些新的方法可以用于途径发现和设计、酶的发现和设计，以及将这些新的分子/材料推向市场？

**Michelle Chang**

*加利福尼亚大学伯克利分校，化学副教授*

**Jeffrey Moore**

*默克公司，过程研究高级研究员*

**Mike Jewett**

*西北大学，化学与生物工程助理教授*

**小组讨论：约 30 分钟**

12:15PM　**午餐**

1:00PM　**会议 8：规模放大与横向扩展**

**小组主持人：**

**Huimin Zhao**

*伊利诺伊大学香槟分校，化学与生物分子工程教授*

**小组目标和关键问题：**

- 规模放大和横向扩展对化学品和燃料的商业化生产而言至关重要。在这个小组中，我们将重点介绍几个案例研究，包括大规模生产 1,3-丙二醇和 3-羟基丙酸，同时讨论规模放大和横向扩展面临的关键挑战。
- 从成功的案例我们学到了什么？
- 规模放大和横向扩展面临的关键挑战是什么？
- 如何确保工程微生物在大规模的过程条件下能保持与在小规模的实验室条件下相同的性能？
- 技术经济分析如何帮助规模放大和横向扩展？

**Bill Provine**

*杜邦公司，科技对外事务主管*

**Bruce Dale**

*密歇根州立大学，特聘教授*

**Joel Cherry**

*Amyris 公司，研发主管*

　　　　小组讨论：约 **30** 分钟

2:30PM　**最后讨论和结束语**

3:00PM　**研讨会休会**

3:15PM　**委员会召开 2 小时闭门会议**

5:30PM　**休会**

# 参会者名单

## 委员会成员

Michelle Chang，加利福尼亚大学伯克利分校

Lionel Clarke，英国合成生物学领导委员会

Thomas Connelly，杜邦公司

Andrew Ellington，得克萨斯大学奥斯汀分校

Nathan Hillson，劳伦斯伯克利国家实验室

Richard Johnson，Global Helix 有限责任公司

Stephen Laderman，安捷伦科技有限公司

Pillar Ossorio，威斯康星大学麦迪逊分校法学院

Kristala Prather，麻省理工学院

Christopher Voigt，麻省理工学院

Huimin Zhao，伊利诺伊大学香槟分校

## 报告人

Chris Anderson，加利福尼亚大学伯克利分校

Henry Bryndza，杜邦公司

Mark Burk，Genomatica 公司

Doug Cameron，First Green 伙伴公司

Joel Cherry，Amyris 公司

Parag Chitnis，美国国家科学基金会

Bruce Dale，密歇根州立大学

Jennifer Doudna，霍华德·休斯医学研究所，加利福尼亚大学伯克利分校

Jennifer Holmgren，LanzaTech 科技

Mike Jewett，西北大学

Eric Klavin，华盛顿大学

Sriram Kosuri，加利福尼亚大学洛杉矶分校

Tim Lu，麻省理工学院

John McLean，范德比尔特大学

Jeffrey Moore，默克公司

Bernhard Palsson，加利福尼亚大学圣地亚哥分校

Eleonore Pauwels，伍德罗·威尔逊国际学者中心

Todd Peterson，Synthetic Genomics 公司

Markus Pompejus，巴斯夫公司

William Provine，杜邦公司

Marc Salit，美国国家标准与技术研究院

Dietram Scheufele，威斯康星大学麦迪逊分校

Mark Segal，美国环境保护署

Jonathan Sweedler，伊利诺伊大学

Harris Wang，哥伦比亚大学

Edward You，联邦调查局

赵国屏，中国科学院上海生命科学研究院

## 参会人员

Jamie Bacher，Pareto 生物技术公司

Lynn Bergeson，Bergeson & Campbell 公司

Randall Dimond，Promega 生物技术公司

Jay Fitzgerald，美国能源部/美国科学促进会

Barbara Gerratana，国家综合医学科学研究所/国立卫生研究院

Theresa Good，国家科学基金会

Joseph Graber，美国能源部

Ellen Jorgensen，Genespace 公司

Devin Leake，Gen9 公司

Malin Young，桑迪亚国家实验室

Dagmar Ringe，国家科学基金会

David Rockcliffe，国家科学基金会

David Ross，国家标准与技术研究院

Emily Tipaldo，美国化学理事会

Walter Valdivia，布鲁金斯学会

Susanne von Bodman，国家科学基金会
Kate Von Holle，芝加哥大学
Megan Weinshank，巴斯夫公司
Malin Young，桑迪亚国家实验室

**国家研究理事会职员**

Douglas Friedman，高级项目官员，化学科学与技术学会
India Hook-Barnard，高级项目官员，生命科学学会
Carl Anderson，研究助理，化学科学与技术学会
Nawina Matshona，高级项目助理，化学科学与技术学会
Lauren Soni，高级项目助理，生命科学学会

〔SCPC-BZBDZE21-0022〕

读后感

生物工业以系统生物学、合成生物学、生物工程等核心技术交叉融合其他学科，具有原料可再生、人工设计、过程清洁等可持续发展的典型特征。作为生物工业化的重要应用领域之一，化学品的生物制造在近年表现出广阔的发展前景，已成为当前化工产业发展的重要战略选择。本书展望了化学品生物制造的未来发展愿景，围绕原料利用到使能转化，以及生物体研究等方面展开论述，得出了一系列技术结论与建议，提出了生物工业化未来10年发展的路线图目标。

## 新生物学丛书

www.sciencep.com

科学出版中心　生物分社
联系电话：010-64012501
E-mail：lifescience@mail.sciencep.com
网　址：http://www.lifescience.com.cn

科学出版社互联网入口

生命科学订阅号
赛拉艾芙

本书更多信息
请扫码

生命因你而精彩！

ISBN 978-7-03-053138-4

销售分类建议：生物学/化学

定价：75.00元